因為任性
所以認真

一片面膜，
打造一個億萬致富傳奇

VIVIAN／妍容

推薦序

回到初心，好還要更好

陳榮峰（環球醫美診所院長）

妍容，一位表裡如一，心裡面住著小女孩的任性公主。

從認識妍容開始她就一直是大家眼中的公主，美麗優雅熱愛生命，很有自己的想法及做法，也是我見過最有自信最有膽識的女生。

醫學美容尚未盛行的時代，妍容最常問我的就是：「陳院長你看我的毛孔可以再細一點嗎？或是如何讓皮膚更為水嫩彈性等問題」，當時門診看的幾乎都是病人，面對這一位天生麗質幾乎零瑕疵的漂亮女生來到診所，當時的我特別有印象，也花了一點時間了解她的需求，有趣的是妍容告訴我，當時許多醫生都告訴她診所是看病人的，請她不要再掛號諮詢，只有我願意細心聆聽她的愛美需求，我笑了笑心想「除了醫生的天職，我更想了解每一位求診者的需求」，結果竟成了十來年的好朋友。

看著她對美麗的要求跟我這個當醫生嚴格的標準有過之而無不及，而且數十年如一日的專注在「任性愛美」這條路上，如何說是「任性愛美」呢？常常以我當醫生的標準都覺得九十分很多人都可以欣然接受了，妍容偏偏是不放棄還要更好，跟她創業做事的態度如出一轍，始終堅持做到最好，也是她一路令我刮目相看的地方。

印象最深刻的是有一年我受邀至妍容生日派對上，她閉著眼睛吹蠟燭，當場大聲許下願望「我保證十年永遠年輕美麗」的願望，我陪著她見證了這一段「說到做到的堅持」，並且也相信妍容的每一個十年都這樣美麗有智慧。

很開心妍容的「因為任性，所以認真」這本新書出版，未來在兩岸演講分享時，可以讓大家更加瞭解「任性」的本質，也喚醒我們每個人的那份美好初心，想要更美更好的態度就是認真的體現，祝福每一個人都做最美的自己！

推薦序

看不見的0.2極緻美學

楊書維（極緻美學牙醫診所院長）

看著新書封面甜美笑容的妍容，直接讓我想起這位任性公主的「微笑曲線」矯正過程非常特別，因為她開口的第一句話是「我已找過十幾個牙醫，他們都說我不需要矯正」。

也的確，當她一開口的牙齒整齊度旁人看來幾乎無異，但我對整體牙齒及臉型對應的平衡美學要求非常高，認為的確還有微調的空間，只是需要付出不小的代價，尤其她的工作性質經常在國外，更是提高了療程的困難度，光前置作業的根管治療處理即花掉近二年做全面的詳細檢查及調整，其中數次的全口X光及模型也是因為要仔細評估每個階段要重新微調的步驟，妍容常常笑稱我是她遇過最要求的牙醫師，說真的，我反而認為她才是我遇過最堅持的病患。

因為我曾明白告訴過她，這一次的矯正不含前置作業約需三年的時間及後續植牙等需求，重點是拆下牙套那一刻，妳的朋友並不會感覺你有多大的不同、甚至看不出來，我明白的說出她未來會遇到的事，沒想到她反而笑得更開心「我自己看的出來呀！」，那一刻，妍容的笑容好燦爛；我知道，這個女生清楚自己要什麼。

於是，她就在父母好友皆反對下開始了整個療程，其中當然遇到很多需要克服的過程，但是她都堅持完全配合我的療程計劃，一路走到現在終於到了最重要的階段，準備開始上牙套矯正，是的，現在才開始到這個步驟。

回到封面那張甜美笑容，若干年後當妍容再出第二本、第三本書封面再來比對，也許你並看不出來她花了三至五年的努力為了什麼，但「一直知道自己要什麼、一直清楚自己做什麼」，這就是我認識的任性公主－妍容。

推薦序

成功者的任性，背後皆是認真及承擔

簡淑玲（天后名媛御用彩妝師）

很多過程看似任性的背後，其實是對事物看的透徹，同時願意承擔結果，這是一個成功創業者應有的態度和智慧。看到妍容將自己過去的人生很多看似任性妄為的決定，以輕快的文字呈現，我感受到的是她對熱愛生命和珍惜的心，每一個章節都可以看到妍容真切活著的優雅態度。

妍容，一個擁有甜美笑容的公主，是第一次見到她的印象，幾次見面的討論商品和創業的過程，發現她是一位在溫柔甜美型像之外，有堅持卓越的態度並精進專業的專業經理人，其實是位能帶領集團前進世界的女王！

看到妍容在書中提到幾次事業上的低潮，她總能化解危機，除了強運之外，我相信是她的豐富經驗和個性中正面積極的思維，將低點轉為反彈跳躍的動力。人生能夠盡情發揮並享受生命的潛能，同時相信人生一定會走往更好的境界，相信所擁有的力量強大到足以改變一切。

身為女性創業家的我，看到妍容努力到今日的事業成就，我非常高興一位女性如此傑出，未來女性的愛和美好力量一定可以令美妝世界有不同風景。

成功的女性因認真，所以可以任性！

作者序

花憶前身的感動

「妍容！你的分享好精彩！什麼時候出書呢？」

關於出書，最早是朋友們聽到我在投資理財上的心得，覺得很有收穫，並鼓勵我出書。

隨著近年開始在中國、台灣陸續做了數場演講，更有不少媒體圈的朋友告訴我：「寫下來分享給更多人吧！」

一開始，我以為引人矚目的是那些投資理財表面的數字，但真正著手出版事宜，與出版界的朋友深談後，大家卻覺得我那些聽來極度任性到簡直是孤注一擲、膽大妄為的人生故事，比起理財心得更為吸引大家的眼球。

對於我這種天生射手座加上獅子座性喜分享的人來說，聽眾既然已經喝采，便沒有不躍上舞台的道理。於是耗時數月，一寫數萬字，細細道來我在兩岸美妝保養產業闖蕩數十年經驗談的《因為任性，所以認真》於焉誕生。

絕不敢誇口以為自己成就非凡，也並非托大自認這段人生足成模範。我期待的是這十幾二十年來走過的路，能令讀者感受到時間的能量、堅持的力量是可以轉化成生命中的美好質量，從中得到啟發也思索起自己的人生。

財富是顯性的，是一個結果。這個大家都渴望的結果，背後真正珍貴的是看不見的態度。

理財的方式人人不同，也隨著時代演進莫衷一是，可是「想要人生過得美好精采」、「期待心靈與物質平衡的美學生活」是大家一致的渴求，而這本書要談的就是這件事。

人生要怎麼過才能精彩豐盛呢？

很多人試圖依著別人的標準去做，社會也總是教導我們必須活成和大部分人一樣，但我卻是一路任性到底，在人生每個階段扮演每種角色時，只求務必給自己一個不後悔的交代。

每個階段想把什麼樣的事情做對、做好，向來都是我自己認定了算，不見得符合家長的期待，也總是不符合多數人的價值觀，可是一路走來，我沒有感受到任何懊悔的情緒。對我來說無謂是與不是，也沒有所謂好或不好。

在我身上發生過的一切盡是美好——我始終這樣認為。

在每個人生轉折處，都能夠摒除所有雜音坦然地走上自己選擇的道路，並且對每段旅程都心存感恩；在人生到達某一個分水嶺時，得到一種滿足和澄靜的心境，這就是我想要的任性、認真的人生。

一件事情的好與不好，會隨著時間而演變。當下的是非對錯經過時間沉澱、去蕪存菁後，留下來的都是最美好的。

寫書猶如花憶前身，作為一個總是一意孤行的人，日子一天天往前走，我並未察覺自己如何地不同。直到出書，不得不深刻回望自己的生命，看見那一路的行跡，我突然就將當初的執著看個一清二楚。

時間好似還予我一個公道，也給了大家一個交代。當初那些令親人朋友看不懂的任性與放肆，在時間的浸沐和沉澱之下褪去了表象成就，成為認真的思維、堅持的態度。那些年曾孤獨悠涼的心境與親人間發生過的衝撞僵局，現在想來都非常值得。

不理解的理解，不看好的看好，最後又見山是山了。

看著這本書的你，也許想知道，當經歷足以撼動生命的重大抉擇時，該以怎樣的心情去權衡應對這些轉折，才能讓自己對自己有個交代?!

希望這本書的經驗談能帶給你真實的力量。

對於人生已經走過不同風景的讀者來說，也想誠摯邀請你們一起進入這個時間軸，看看這十年、二十年來在我的生命裡留下了哪些美好的事情，藉由文字閱讀，珍惜你們人生中沉澱出來的美好。

祝福大家擁抱自己靈魂中初心的任性，為每一次的擇善固執感到由衷地驕傲。

撰寫自序的這天正巧是父親節。感謝一路伴隨我嚴律敦實的父親潘永斌先生，及慈愛溫柔的母親洪隨英女士，因為你們，成就我任性又認真的人生旅途。我愛你們。

每天都是意義非凡的一天 Vday.116

妍容

目錄

chapter 5

打開門，讓世界進入你的眼底 165

我熱愛工作，更熱衷投資理財 211

chapter

1

當下的任性，可以是未來的價值

愛美偏執狂，被孤立也無妨

「從很小的時候，我就會自己搭配洋裝和髮飾喔！」

自認愛美的人多半蠻自豪這種事跡，但是在我聽來，這點事跡根本不算什麼。本公主可是從念幼稚園開始，每個學期都不穿重複的衣服呢！別的事情不敢說，但談到愛美成癡，我幾乎沒遇過對手。這方面的意志之堅，就算屢屢被同學討厭、排擠、孤立，公主任性時也不改其志。

「公主」從什麼時候開始自然而然的成為我的代名詞？我想大概是從那個堅持愛美的小女孩開始的吧。身為家族的第一個長孫女，從父母親阿公阿嬤到其他長輩，大人們從不吝於買好多美麗的衣物飾品給我，正好我也樂於打扮，這就助長了某種愛美的執念早早萌芽深耕。

「是不是我們讓你以爲女生都是這樣穿衣服的？」

「妍容每天都這麼顯眼，這樣好嗎？」

念幼稚園的時候，我就堅持「穿過的衣服，這學期不能再出現」（但下學期歸零重來），堅持到媽媽開始擔心，是否讓我養成了不好的習慣。其實媽媽的擔心真有幾分道理，愛美就算了，我偏好的風格還是華麗的公主風，上了小學以後，只要能穿便服，我就把自己打扮得像公主一樣，真是高調得不得了啊！

中學以後，青春期是人對美醜的覺知急速攀升的階段，即便是念女校，我依然變本加厲，為了出門決定穿什麼，可以連換二十多套衣服，把床上擺得到處都是。在學生時期，很多人偏好低調、悶騷的風格，但是「公主」只要出門，絕對要從頭到腳都精心打扮、完美搭配。

我很重視配件，是那種「為了一雙鞋，特地去買包包和襪子來搭」的人。之後大學打工當平面模特兒，每天看很多日本雜誌，就更加重這種「愛美偏執狂」的症頭，無法容許自己穿著不成系列或是沒有風格的服裝出門。不僅如此，整個人看起來還要符合某種「洋娃娃」或「酒井法子」的美感風格（講出「酒井法子」一詞立刻暴露自己是幾年級的同學><），做不到我就不出門。

然而，這些都還不是最欠揍、惹人厭的事。以前念書的時候，我絕對不穿當時大家最愛的牛仔褲，卻總是穿很短很短的迷你裙，連去陽明山擎天崗夜遊，都要穿「短蓬裙和三吋高跟鞋」！！夠誇張了吧，所以念大學的時候，全校的學生都知道

「新聞系有個很高調的女生」，常常引起許多同學側目與無法理解。

「你看，她穿成那樣也太誇張了吧！」

「還不是想出風頭?!」

「對啊，她好假喔，才不要和她當朋友。」

我很不喜歡開學或分班，因為每到一個新環境，過分愛漂亮的我，總會引來同學非議，特別是女同學，通常都不會喜歡我，要不是覺得我「很假」，就是認定我只是為了「勾引男生」而花枝招展。在那樣的年紀，大家總會不自覺的互相比較，我不只愛漂亮，又很敢發言，還積極參加各種競賽。露臉露得多了，就算無心，還是會引來一些異性的矚目和追求，如此一來更證實了同學的猜測：「她果然就是故意想吸引男生」。

其實，像我這種愛美的基本教義派，漂亮就是我的陽光空氣和水，和「吸引男生」沒有半點關係。尤其上了大學，同學們的耳語就更誇張了。

「每天下課她都是被一台高檔轎車載走的喔！」

「而且聽說她從來不吃路邊攤。」

這些傳言實在太好笑了，臭豆腐和蚵仔煎都在公主美食名單中，怎麼可能「從來不吃路邊攤」？公主爸只開車來載我幾次，平常我都跟同學一樣會搭公車回家，真不知道同學到底看到誰「每天被高級轎車載走」。

不過，我倒也不特別辯解這些，更不會因為同學討厭我，就改變我的穿衣風格。我知道時間久了，大家會明白我的為人。在初來乍到的環境裡，我總是會正常的先被討厭或孤立兩三個月，然後就能和大家打成一片了，其實我是很習慣的。

「我本來以為你很假，其實你很好相處耶。」這種話我不知聽過幾百遍了，別人交朋友只需要兩三句話就能熱絡，我卻要花上兩三個月時間。不過，我卻寧願花二三個月去找到值得相處的朋友，也絕不會為了縮短時間，就改變其志。

我反而因為這樣的成長過程練就了「不在乎無意義異見」的特異功能，**我不會在乎別人討厭我甚至孤立我，因為外在表現而來的討厭，我認為那是種誤會，大家不是真的討厭我。**「要是認識了以後，別人還是討厭這麼愛美的你怎麼辦」你也想這樣問我嗎？答案是，不怎麼辦。彼此不對盤，何苦勉強當朋友？我在當時亦學習到了，**有時，一個人的世界更為精彩，因為你懂得如何自處如何安排。**

人生用來追求自己熱愛的事物都嫌時間少了，為什麼要把心力放在別人的錯誤認知和喜好上？**不遷就、不勉強、不預設立場，珍惜時間最好的方式就是花在自己喜歡的人事物上**，日子久了，時間會給我們一個交代。就像我，現在老同學聚會，大家都打從心底認同「妍容從小就真的是一個公主」，**誠實做自己，真的最開心！**

被罰站又怎樣，愛講話也能說出一朵花

「妍容，你又講話，去後面罰站！」

「老師，我只是在和同學分享……」

「去後面罰站！」

除了愛美之外，從小，我最任性的一件事就是愛講話。記得念小學的時候，我三不五時就會因為上課和同學講話而被老師罰站。「屢罰屢說」的我，令大人們頗為頭疼，他們一定想不到，這孩子對於口語表達懷有真正的熱情，最終還能說出一片天。

「被罰站」聽起來是「壞孩子」才會得到的懲罰，可是也不盡然如此。以我為例，念小學的時候，經過我們班教室的人，常看到全班幾十個同學，一眼望過去只有我一個人站著上課。我是出了名的，愛說話被罰站的大戶，但我也是班上前三名，還是模範生，以及代表班級或學校參與各種校際競賽的常勝軍。

被罰站的羞恥感至今仍印象鮮明，也許人都是主觀的，我總認為自己不過是和同學分享生活趣事的內容，沒做什麼壞事，卻得到不成比例的處罰。老師們很少問我在跟同學講些什麼，總之只要聽到有人說話的聲音，老師就會覺得「上課秩序被破壞」，「起來罰站就對了」這句話形塑了我對老師的某種印象：權威的確立往往比事實還要重要。

但話說回來，既然不喜歡被處罰的感覺，覺得委屈，我又為何屢屢上課說話？只要閉嘴，不就不會被處罰？答案沒有別的，就是生性愛說話。我一直都是個有很多想法、看法，又喜歡說出來和大家分享的人，年紀還小的時候不懂得控制，也不知道該如何和老師溝通（想當年師生之間哪裡有溝通的空間？），因此只能乖乖捱罰。父母親對此也覺得苦惱，女兒是大家公認的「好學生」，每次考試的成績都名列前茅，卻一天到晚被罰站，講也講不聽。

最誇張的是，有一次上課講話被罰站之後，站著還繼續講，講到被老師請到走廊罰站。當中午時，公主媽送便當來，無法置信女兒怎如此難以管教？在那個當下，全世界的大人都告訴我一件事「愛說話是一件壞事」，雖然**在傳統的教學環境裡，「愛講話」彷彿是一個學生的「缺點」，可是我並不因此否定自己與生俱來的這個特質。**

喜歡說話，不只是因為熱衷表達意見，我更喜歡和別人交流，在對話中觀察很多現象，例如人心、人性。我愛說，也愛研究與觀察別人怎麼說。年紀還小的時候，我想精進口語表達，靠的是參加演講朗讀、辯論比賽；念了大學之後，術業有專攻，新聞系讓我得到學院式的口語訓練。但是所謂真正的「說話之道」，卻是從許多購物經驗中點點滴滴累積得來。

「購物經驗」？是的，你沒看錯，這不是我為自己的愛買東西找個好聽的藉口，相信有豐富購物經驗的朋友會同意我的心得：優秀的銷售員總是很懂得怎麼說才恰當，才能得到人心。

對我而言，**所謂說話說得好**，不是指「口角鋒利，舌燦蓮花，能把死的說成活的」這種好，而是**「確實能令人卸下心防，願意與之真誠交流」的那種好**。在我購物經驗中，許多台灣的精品銷售員都有做到面帶笑容，親切問候客人，兼以口條流利等等，可是我還是會感覺到他們「正在工作」，因為他們經常說：

「請問你的預算是多少？」

「我先幫你拿保證書和盒子來結這條項鍊喔。」

不是劈頭就問預算；就是客人明明還在逛，就急著先結單，這兩個舉動都沒有錯，聽在客人耳裡，卻會覺得「你就是在衡量我」、「如果我說出來的預算很少，你一定希望我立刻離開吧」、「滿腦子想的都是成交」。其實，每個銷售員都想要知道顧客的預算和想法，但不能這麼單刀直入的問。

「妍容你決定了嗎？再多看幾組吧，慢慢看。」

「你是不是很喜歡粉紅色？我再拿一組淡粉色的給你看吧，那是很經典的設計，不看可惜。」

在國外精品店購物時，我常遇到「老奶奶」等級的銷售員，雖然他們談不上年輕貌美，但卻擁有待人接物的智慧。在貴賓室與客人聊天時，她們談的不是哪個包最貴，也從不著急著幫客人結帳，而是熱情的和我交流品牌的設計理念、手工細節、喜愛精品的心情，甚至是聊起人生故事。每次遇到這樣的銷售員，我總是越買越開心，覺得「這是美好舒服的購買經驗」、「真是太懂我了」。

我相信每一次購買都藏有一些感性的心情，商品是有生命的，聰明的銷售人員應該要懂得創造一個愉快的氛圍，這就是我所謂的說話之道。小時候愛講話總被罰、被笑，但長大後最重要的職場歷練，例如新聞主播、主持人、購物專家等都與說話密不可分，如今再往回看，我很感謝自己沒有放棄這一路的鑽研。說話也可以是一種技能、一門藝術，當別人都在用音量、話術取勝，我卻早就懂得**說服一個人最重要的關鍵，就是為對方著想，營造令對方認同的氛圍。**

轉調B段班，
從此開創我的A段班人生

「報告！我是一年二十三班的妍容，我決定不要續念這一班了，我要轉調到後段班。」

就讀國一的某一天，公主獨自來到教務處，任性地宣布要從A段班轉調到B段班，這個決定把身邊的大人們都嚇壞了，大家都覺得我搞不清楚狀況，是來胡鬧的

但是事實證明，這個決定是讓我重獲新生。

人的一生中總會有幾個難忘的畫面，國中時到教務處要求要從A段班請調B段班，就是我記憶裡的黃金畫面。那一天幾乎是我人生中的分水嶺，當時心平氣和且堅決的把決定說出來，語畢，在場每個人都盯著我看，時空彷彿凝滯在那一兩秒，接著班導師慌忙趕到教務處，在我面前撥電話，把家長找到學校來……

當年為何非要離開A段班？競爭的挫折感尚屬其次，最讓我無法接受的是盛行於升學班的「體罰文化」。

「什麼！十二名！！」

「這不是我，我是前三名的好學生」

「我是不是不再優秀了？」

小學時期的我一直都在班上名列前茅，沒有過比第三名更差的成績了。全班如果有六十人，十二名的名次，在我看來那叫「成績極差」（原諒我當時的真心話）。但是一升上國中，進入超級Ａ段班後，我原先的自我認知徹底被粉碎，瞬間進入一個我沒有心理準備的破碎世界。

解釋一下當年所謂的超級Ａ段班，是一個集結學區內各國小第一名資優學生的班級。我看到第一次段考成績單上面那個大大的「十二名」名次，簡直是晴天霹靂，覺得世界徹底崩毀，感覺靈魂被支解一般失落無助。還記得我難過到一個人跑到教室大樓的四樓角落去吹風，認真思考「人生到底怎麼了，為什麼會變成『十幾名的那種人』，人生的下一步該走向何方」。是的，我迷失了。

在我如此迷惘之際，沒有一個人來提醒我：「你其實還是以前那個優秀的孩子」、「你沒有退步，只是置身在和你一樣優秀的人群裡。」我試著自己爬出失望的深淵，更振作、更努力地念書，在連自己都感覺到成績進步的同時，可是接著又發生了一記重擊……

我稱之它為「抄筆記事件」，記得是國一時的數學課，當老師振筆疾書寫完板書，轉身看到大家都在埋頭抄筆記，只有我望著黑板沉思，他覺得很奇怪。

「你爲什麼不快點抄筆記？」

「老師，我剛剛在思考你的解題過程。」

「你不抄筆記，等一下就忘了。」

「可是我已經懂了。」

「懂了？那你到前面來解這一題給大家看。」

老師當場在黑板上寫了一題考我，我立刻解出來，但他還是告訴我：「你必須抄筆記」，於是我覺得有必要跟老師好好地解釋。

「老師，我覺得數學是靠理解，理解比抄筆記還重要。」
「老師邊寫黑板邊解釋的時候，我必須全心全意地思考你的解題邏輯。」
「我還在想，能不能簡化解題過程，更快得到解答。」
「如果一直低頭寫，我就沒辦法懂你講解的內容了。」

這句句都是真心話，我從來沒存心要違抗老師。當年十幾歲的我，自認這番話講得很是懇切，殊不知站在老師的立場，這樣任性妄為的挑釁舉動，公然質疑他的教學方式，威脅老師的權威性。

於是我就「被零分」了。

學期末拿到成績單，數學期中期末段考成績毫不意外地都在九十分以上，但「平常成績」這一欄卻寫了個「0」！對，連勉強及格的六十分都不是，而是零分。

我看傻了眼，震驚之餘，拿著成績單去找數學老師問。

「你是零分沒錯呀！」

「所有同學都交了筆記上來，只有你沒寫沒交，所以平時成績是零分。數學就是要抄筆記！」

像我這樣一個上課全神貫注，不吵鬧、不惹事、不翹課，並且考試成績優異的學生，「平常成績」被打了個零分，而老師是如此雲淡風清地說著，當下我什麼話都說不出來了。

當時「平常成績」佔學期末總成績的比重不輕，有三分之一強，可想而知，即便考試成績好，「平常成績」一旦零分，我的數學成績就會被拖下水。老師的確是修理到我了。

所以我之後就知難而退，乖乖抄筆記了嗎？

「不抄，我就是不抄！」離開老師辦公室的路上，我在心裡大聲地喊著。說是任性也好，堅持也罷，總之，我絕不勉強自己接受不是道理的道理。課堂上的遊戲規則是老師訂的，既然我無法接受，離開就是最直接的辦法。

是的，我萌生了離開的念頭。

但是真正的最後一根稻草，則是我最無法接受的體罰，讓我下定決心無論如何都要離開。

「理化九十八分，比上次進步六分。」

「但是距離一百分還少了二分，少一分要打一下。」

老師高高舉起教鞭，唰唰兩聲重重的打在我手上。這是我所在的班級，沒有一百分就要捱打，就算進步了，照樣被打，這是什麼奇怪的規則？再優秀的人都不可能每回都科科滿分，一群認真又聰穎的孩子就這樣日復一日，一天十三張考卷過著一直捱打的日子。這對於一路沒有被打的我極度厭惡這種感覺，覺得努力認真還要被懲罰，真是莫名其妙！

下課鈴一響，我頭也不回的跑到教務處「宣布」我要轉調B段班的那一天，媽媽和班導師談了很久很久，其間班導師反覆強調的一句話是：「你把這孩子留在班上，我保證給你一個『北一女的小孩』。」

我當時不理解她為何能夠「保證」？事後推算才發現這説法挺有道理。這間學校每年考取北一女的學生都超過一百位，我置身於全年級成績最好的班級，平均成績都在班上十五名以內，以這樣的成績水準，考取北一女絕對不是問題。後來的確超級A段班畢業時，成績最差的是中山女高，其他人「全部」都考上北一女。

可是媽媽當年卻給了我機會，讓我證明自己可以不一樣。一邊是經驗老道的班導師，另一邊是任性的青春期女兒，大部分的家長，可能都會選擇相信班導師，而不是女兒。要是我也成為家長，可能也相信班導師多一些。

但媽媽相信我，而不是那個「有機會就讀北一女的我」。她當然擔心B段班的環境會給我壞的影響；擔心我就此自我放棄，不再積極學習……可是最終對我的信任和了解，贏過了這些擔心，她比誰都了解我的堅持自有我的道理。

B段班的風景和A段班很不同，A段班的老師下課時還不願意走，下堂課的老師也提早來，同時間兩個老師都在教室裡，這已經無法用「負責任」來形容他們有多努力。在B段班，學生總是睡成一片或各做各的，抬起頭聽課的人非常稀有；每上課鐘響十五分鐘後，老師才姍姍來遲，簡單講了一會兒，剩下最後十分鐘，老師就會說：「那大家自己自習吧」，然後離開。

更有趣的對比在於，**A段班的學生沒做任何壞事，甚至考試成績進步了，還是經常被罰、被打；B段班的學生做了不少「小惡」，像是上課看漫畫、翹課等，但只要不惹太大的麻煩，就能每天安然輕鬆地過。這不是很荒謬嗎？**

「認真的人每天動輒得咎，像奴隸一樣被鞭策爬向最高處，不認真的人卻能得到『用自己的節奏前進』的自由。」越想我就越肯定自己的選擇。

時至今日，我的人生並沒有過得比父母期待的醫生律師差，反而一路都有更美的風景，相反地，有一些一路都念第一志願的同學還非常羨慕我，告訴我：

「小時候就佩服你直言敢言的勇氣！」

「你做的事情總是很有趣」、「你是個好豐富的人！」

人生真正的幸運是擁有堅定的自我意志；而真正的風險是盲從。

學歷無法給人幸福，有知覺地做決定，百分百信任自己則可以。

冷門不足懼，盲從才是風險

「我不要念高中。」

就算轉到B段班，我的成績念高中也沒有問題，但是早在國三面臨升學抉擇之前，我就做下決定：絕對不唸高中。在以前那個年代，念高中遠比念國中可怕，如果我已經無法忍受國中A段班的升學壓力，念高中一定更痛苦。但是不唸高中就算了，公主連念專科都任性地選了個冷僻的科系，這簡直把爸媽氣壞了！

國中時我曾在補習班看過很多高中生上課的樣子，看多了很難不心驚，那真的就是「槁木死灰」，我絕對不想變成那樣。我心中早有定見，知道「我絕不念高中。」不過這件事當然很挑戰我的父母，甚至是挑戰整個家族。父親經商，常常帶著我去開會、應酬，從親戚到他的朋友，大家都知道他有個聰明漂亮的女兒，從小就品學兼優，「拿很多獎狀」、「很會念書」等等。

高中聯招放榜那天，對父親來說是個很大的打擊和諷刺。當天賀電不斷不知怎的，竟然有一堆親朋好友根本沒查榜，就沒頭沒腦的打電話到家裡致賀：「恭喜恭喜！考上北一女」、「妍容好厲害一定是第一志願」！只見爸爸拿著話筒臉色越來越鐵青，一時卻又不知如何回答這些親友，聽到後來只能苦笑。但是更讓他生氣的還在後頭。

「你填這什麼志願?!」

「念什麼建築設計，從專科畢業還以爲能當建築師嗎？」

「聽爸媽的，乖乖的再念一年書，以你的資質，考上北一女不是難事。」

我不只不念高中，選擇專科也沒念主流的「商業科系」去，而是選擇一間離家不遠，設有「建築設計科」的專科。記得當時填志願卡，我非常瀟灑的只填北部的一間學校一個科系，就直接交出去了。我認為既然心意已定，確定了自己想念哪間學校和科系，以分數來說又一定能考取，何必要填那麼多志不在此的志願？但是此舉真是把爸媽氣壞了。

在他們看來，我任性得匪夷所思。實際上，**這個選擇也許任性，卻一點也不莽撞**，我可是仔細盤算過的。

在我打定主意不念高中以後，就已開始思考念專科的選擇。當年很多國中生，特別是「A段班」、「成績好」的人在老師和家長強力灌輸觀念的影響下，多半只報考高中，不報專校。人生被教育成只有一種選項。

而我卻認真讀起一家家的專科招生簡章，當簡章上出現了「建築設計科」一詞進入眼簾，那瞬間真有種「突然開了一盞燈」的心動感覺。因為我從小就對藝術、美學有一份特殊的嚮往，嚮往到什麼程度呢？

就拿房子來說吧，大家好似非常熱衷於這個話題，都懂房子是種投資；但是對我來說，「喜歡房子」是種很感性的心情，我熱愛觀察建築物的美學元素，例如光線、線條、比例、色彩等等，喜歡翻閱分析國內外建築細節的書籍雜誌，就算對那些術語一知半解，我還是能讀得津津有味。

在國中枯燥的三年生活後，「建築設計」一詞讓我再度振奮了起來，「看了一堆書，終於要動手畫設計圖了嗎」的這種興奮席捲而來，我知道就是它了，我就要念這個！

但同時我也心知肚明，這些事物都是大人眼裡是「沒有經濟價值的」、「沒有前途可言的」。我相信很多人都有這種經驗，曾經看著科系介紹，產生了心動的感覺。可是從父母乃至於這個社會，都在逼我們否定這種直覺：「沒什麼人念，別選！」「那個沒未來，不選。」

我的父母親也不例外，我先是任性的先斬後奏的報考專科；繼而送出只填了一個志願的志願單，不只是擅自做決定，還做了一個他們眼中糟糕透了的選擇，根本是罪加一等！他們得知後非常生氣。不斷的、強烈的建議我「重考吧」，我卻怎麼樣也不為所動，他們非常失望，覺得我簡直是自我放棄。

「看看你以前的同學們，全部都念北一女。」忘了是父親還是母親，當時曾對我說了那麼一句，大概是想刺激我，想讓我心有不甘而決定重考吧。

有個畫面深刻而鮮明的印在腦海。當時聯考放榜後，需要申請在校學籍及相關資料，我回到學校一趟。走過中央穿堂，兩旁貼滿了紅紙，上面滿是「賀：×××考取北一女×××分」，裡面幾乎都是我認得的名字，是以前A段班的同班同學們。那一刻，真像電影畫面歷歷在現，走過短短十公尺的穿堂竟得如此漫長，「過去、現在、未來」突然快速交織成一幅畫面，淹沒在那一片紅色的榜單海之中。

沒有悲傷或憤怒，而是出奇異樣的平靜。我知道如果沒有離開，這牆上會有一張紅紙上寫的是我的名字慶賀我考取北一女，寫著成績多少分。可是那畢竟不是我要待的世界了。**從那一刻起，我知道了什麼叫做選擇，而且絕不後悔。**

當下爸媽到師長都看不懂也不認同我的選擇，可是對我來說，我的思慮和抉擇從來都是極為簡單清楚的，未來的某一天他們都會懂得。

所謂「要」與「不要」都是一種選擇，只要選了就堅持往前。

chapter

2

「潛能」VS.「本能」，你用哪一種過生活？

放棄高薪，一次就上手——太輕鬆的錢我不賺

念書時的公主真是個請客王啊，姊妹淘一起吃飯，請客埋單稀鬆平常，因為我的確賺得比別人多。那時候同學們都在速食店或牛排館打工，一般餐飲業的打工時薪大約是一小時六十到七十元的年代，我竟然可以找到時薪一百八十元的兼差工作！

至於什麼工作的時薪可以高人一等？請先容我賣個關子……！

雖然家裡向來經濟無虞，但是我仍舊和許多同學一樣，從青春期開始，就渴望能夠自己賺錢。尤其，公主我這麼愛花錢，當然更要找法子來賺錢，向父母開口拿錢，倒也不是不行，只是父母給的之外，我知道我還想要更多。

「妍容，你到底要找什麼樣的工讀？和我們一起餐廳打工不是很好嗎？」

「不！就算是打工，也要打不同的工。」

「打工不就是這些嗎？哪有什麼不同？」

「一定有不同的打工，等我找到就知道了！」

眼看著同學們一個個下課後都去餐廳打工，我告訴自己不能急就章，每天努力留意各種打工資訊。

「未來，將是電腦資訊業的天下。」這天，打開新聞，看著主播滔滔不絕地說著電腦產業的種種，我的心中也燃起一片火花。

就是這個！

電腦我已經學了幾年，而且，我還會寫程式呢！

「我決定去才藝班，教中小學生電腦基礎。」

「你那麼愛講話，當老師正好。」爸媽凸槽我。

很快地，我從鐘點老師成為兼職老師，也發現電腦老師這工作真是太適合我了，時薪比服務業高，還能滿足我愛講話的天性，更重要的是，這是一份能讓我在專業上不斷進步的工作。

一來我教的是國中小學的孩子，教學時不能使用太抽象的語言，並且孩子不像大人那麼愛「裝懂」，遇到不懂之處，他們就會直接提問；二來，我雖然懂很多電腦技能，對概念的理解還不夠透徹，每當在課堂上被問倒，總會激起我非得回頭翻書，徹底搞懂這些理論不可的慾望。於是，在教與學的一來一往之間，我既要充實基本概念，也要琢磨出更清楚、簡單的表達方式，這個過程讓我功力大增，也讓我體會到當老師其實比當學生所得到的還要多，「教學相長」一詞真是所言不假。

我終於知道，在我心目中所謂的「不同的打工」，指的是稱得上是「技能」的工作。然而，身為一個愛美的公主風女孩，大學時的我還有另一份「高薪」工作——擔任少女雜誌平面模特兒。

「等等，你剛剛不是說想找一份稱得上『技能』的工作嗎？」看到我「招認」當過平面麻豆，你是不是也在心裡這樣吼了一句？

沒錯，「麻豆」這工作給人的印象，貌似不需要思考，離「技能」一詞有點遙遠。但是大家要知道，一整天大約十小時的拍攝工作後，我就能領到二千到三千元，在學生打工時薪是六十元的年代，我怎能不對麻豆工作心動！

再說，其實麻豆工作也是一門有著技術含量的專業。只是我也得承認，在掌握到拍攝訣竅後，上工時就不太需要動腦，畢竟妝和造型都有專人打理，只要按照既定的技巧、姿勢和拍照節奏，我就能輕鬆完成工作。

「妍容，這期你穿的衣服好可愛喔！」

「眞好！你都不必花錢就能拍這麼多美美的照片！」

「而且時薪還這麼高！你的打工時薪是我們的三倍耶！」

「賺三倍的人要負責請客喔！」

一天，與同學們聚餐時，「羨慕」之聲幾乎沒停過。

我的心底卻是警鈴大響。

似乎，有什麼事情不對勁！

對於在鏡頭前展現自己，我樂於學習其中的訣竅和技巧，但從不沉迷其中。所以當「賺到的錢，不是經由等比例的付出腦力、心力所得來」時，我很清楚的感覺到某種危機感。

當時有各種曝光機會上門，比如穿泳裝拍雜誌封面，或是進演藝圈，可是我都一一回絕了，因為，在這些機會裡，不會有我想要的未來性。

我嚮往的工作要能形成一個面，有延伸性，而且能長久經營、不斷學習，但演藝圈的工作在我看來卻是單點綻放，有如美麗的煙花，綻放了一回，下一次燃燒不知要等到何時。更令人卻步的是，自己所能掌握之處太少。我擔任過電影配角，在某一場以機場為背景的戲，演員的台詞只有幾句，導演卻為了等適當的光線，讓整個劇組足足拍了一整天。雖然我很珍惜演出機會，可是當下真有種「不知自己所為何來」的感覺。

我喜歡做自己可以控制的事情，當明星要做到這一點實在太難了。

人要有自知之明，知道自己的優點能在什麼領域發揮。多年前沒有繼續往演藝圈走，可能因此少存了點錢，但如今想來真是感謝當年的我，早早放棄了星夢，倒是藉由當電腦老師肯定了喜歡口說、分享的感覺，日後的職涯便一路不斷精進口語表達之道。

同樣是十小時賺兩千元，電腦老師的工作需要事前大量準備，不停動腦，連續講話加上走動，無法坐下休息；平面麻豆的工作則不需準備，到了現場，有專人幫忙裝扮美美的，只需要記住幾個常用動作與姿勢，就能省心又不費力的完成任務，在賺到錢之餘，還能得到無數美麗又時尚的個人寫真照。

如果是你，假設這是人生第一份工作，你會選擇A或B？

世上每一種工作都有不同的特色，所具有的利與弊，以及可學習之處也都因人而異，當年同時擁有這兩種工作的我，最後，只留下電腦老師的工作。

從此，世上少了一位不快樂的女明星，卻多了一個任性快樂的我。

如果，你正在選擇工作機會而猶豫，不論別人說什麼，不論那些選項當下看起來有多誘人，**請選一個讓你能發自內心，真正認同自己，能夠學到專長技能的工作**：即使是打工也一樣！

揮別主播台——追求成長，名利與安逸皆可拋

「錢多、事少、離家近」才是最棒的工作？

當你要建議年輕人選擇一份工作時，談到的重點會有那些？名氣，或者是薪水嗎？不是公主愛自誇，但我真覺得你應該先看看我任性的故事，再來思考你會怎麼鼓勵年輕人。

我真可以說是一個強運的人，大學畢業後的第一份正職工作，就讓我得到了名氣和財富。這是真的，當年的我，名和利，同時兼得。

記得當時正值股市榮景，從政大新聞系畢業後我很順利的得到一個財經電視台的主播職位。那是專門做股市投資分析的財經新聞台，我負責每日的盤後新聞直播，而在「投顧分析師不需要有證照就能上電視節目解盤」的年代，新聞之後的來賓論壇為一家投顧公司所經營，可以想見這樣的公司營運得有多麼順利。

像我這樣一個最資淺的菜鳥主播，電視台給的底薪、津貼、獎金再加上節目分紅，平均每個月的薪水能有二十幾萬元以上，是新台幣，不是日幣喔。一個菜鳥尚且如此，公司裡幾個資深的主播就更不用說了，他們大概是一個月都有五十至六十萬元的水準。單純播報財經新聞和股票趨勢的主播尚且如此，那麼有無數會員競相追捧的投顧分析師，收入更是驚人，一個月賺一千萬的老師比比皆是。

當時我過著非常「脫俗」的生活，每天中午才上班，現場直播盤後的股市財經新聞，下班時間則是下午四點。對的，你沒看錯，一天頂多上班不到四小時。我下班的時候，所有的朋友都還在上班，實在好無聊，該怎麼打發時間呢？我每天下班就搭著計程車去台北東區百貨公司逛街買東西。

我可以買東西買到每個月剩下的餘錢，比身邊「領三萬五薪水」的朋友還要少，當時有朋友說這種生活聽起來很爽，不過換一個角度來看，其實也莫名的可怕。

我對於這種可怕，並不是毫無知覺。

我的價值觀在旁人眼中經常是非常莫名其妙的，特別是金錢和工作這兩件事。

「我覺得這工作沒意思，想辭職了。」

「沒有成長的感覺，我覺得自己正在不斷的虛耗時間。」和朋友聊天時，我無意中透露了想辭職的意願，朋友聽了都很生氣，覺得我「不知足」、「什麼叫沒有成長？你有賺到錢哪」。也許正在看這本書的你，也是這樣想的吧，一份輕鬆做就能賺到錢的工作，根本是求之不得，還要抱怨什麼？

先別急，且聽我說。初到新聞台的第一季，我還在適應環境，每天覺得自己要學習、熟悉的地方很多。所有人接觸一份陌生工作時都擁有過的，「每天都帶著滿滿的新鮮感和幹勁上工」的感覺，我也有過。老實說，我在職場上追求的就是這種感覺的極大化，我從來不怕辛苦，也從不恐懼從零開始的學習。**我想要每天都為了未知而奮鬥，每天都能學習到好多自己不懂的事情，這是種真切的「活著」的感覺。**

但是，這種感覺經常難以延續。一份工作在過了新鮮感週期後，一定要有別的東西支持人們繼續下去，比如我最在乎的「成長」。可是來到新聞台的半年後，我就覺得不對勁，每天都像是一攤死水，我已經可以準確的預測明天或者下星期、下個月要做哪些事，可以獲得什麼效果。

每天上班的過程很快地形成一個不太需要用到大腦的SOP。每天近中午的時候進公司，接著了解今日股市漲跌，以及後續個股分析，都由編輯檯整理、編輯好的稿子提供給我。我走進梳妝室，一邊讓專人梳化，一邊讀著稿子，老實說讀得不夠熟也不要緊，因為上了主播檯，還有讀稿機幫忙。

這種工作流程裡，我不可能有自己的看法；播報財經新聞也不能和觀眾聊天，我不被鼓勵，甚至是不允許分享觀點。日子在一天天重複中度過，好像被放到一個固定的軌道上，不用動腦，身邊的事物就會自行運轉。

大概只有領薪水的時候，我才開心得起來，但其他時候我都有點像是行屍走肉。

在公司進入第二季到半年這段時間，我對這一切有很大的問號，「我才這年紀，日子就要這樣過嗎？」「我應該不只這樣吧。」那段時間，我反覆地自問。

「妍容，你不要好高騖遠了，好好利用在財經台工作的優勢吧！」

「別人加會員要花很多錢，才能得到分析師的個別指導，但你和分析師是同事耶。」

「跟到兩三檔股票，你就發了！」

當我講出對這份工作的迷惘，朋友們總覺得我有點自命清高，既然身處投顧分析師雲集的環境，按理就要順勢利用這種人際網路，謀求自己的發達之路。每次聽到這些說法，我總是不置可否。我不好說出口的是，當時很多名氣響亮的分析師自己投資股票都賠錢。他們那些驚人的財富主要是來自於薪水、財經台分紅，以及會員繳交的會費，而不是來自於股市獲利。

「妍容啊，聽老師一句話，要是有錢了，記得不要玩股票。」

「一旦嚐到用一萬賺十萬的滋味，人就會想要用十萬賺一百萬、一千萬，但是本錢從哪來？一開始只是借，很快地就變成用抵押的。」

「不要覺得自己可以不貪心不犯錯，和人性對抗其實是很難的。」

我永遠記得，當時曾有一個台柱級的資深投顧老師私下聊天時，語重心長地這麼告誡我。他說投顧老師未必是騙子，的確有一些賺錢的心得，才能當上老師，但是「賺得多，賠得可能更多。」光鮮亮麗只是表面上，實際上如果願意講，「大家都賠了不少」。

工作單調沒變化，工作中得到的財經訊息也多半靠不住，這條人人稱羨的富貴之路，實情是如此空洞而虛幻。可是**人生能夠早一點嚐到幻滅的滋味，其實是種幸福**。我在財經新聞台待的時間不長，不過這段歷練決定了未來我的投資方向：幾乎不碰股票。日後我就算要買股票，頂多只買ＥＴＦ（指數股票型證券投資信託基金），買的額度也不痛不癢，只是投資配置中的聊備一格。

言歸正傳，當我對於日子有所疑惑，我就會去找答案。就像先前打工時的思考一樣，我是個很難被「一時榮景」打動的人，對於工作，我在乎的是「成長」、

「可觸類旁通，形成系統」的學習。一個工作如果無法滿足這種需求，對我來說就像慢性自殺，就算給了再高的薪水，早晚我都會做出離開的決定。

當我真的遞出辭呈，決定離開新聞台，全力去衝刺人生第一次的創業，身邊的朋友都罵我：「你是得了大頭症嗎？」「除非老闆要趕你走，否則就算要抱人家大腿，都該賴著不放。」朋友們都說工作不就是為了賺錢，但我覺得錢不應該是工作的全部目的。

如今來到人生中場，我的這個想法依舊沒有改變。我很感謝當年勇於放下安逸的自己，在那之後的每一步雖不見得都是順遂如意的，甚至還跌了個大跤，然而離開安逸與僵化的日子，這個決定始終是對的。

如果人生必然要失敗、失望個幾回，我寧可選擇在最能承受蛻變，最具備浴火重生能力的時期。年輕時乘風破浪，欣賞波瀾壯闊的美，中年以後風景都看透，就能坐看細水長流，這才是我想要的人生。

首次投資，花二百萬買到價值二千萬的經驗

「個、十、百、仟、萬、十萬、百萬！」

「哇，我存到兩百萬了！」

存簿數字邁向百萬，這麼愛花錢的公主，竟然也「攢」出第一桶金了！我深知自己的身上不能放太多錢，不然一定會把錢花掉，當然要來做長遠的投資囉！後來這桶金的投資效益果真非常驚人，讓我足足買到一個價值兩千萬的人生經驗！

再怎麼愛花錢，從小到大家裡長輩給的零用錢、紅包錢，我還是存下了不少。正因為花錢的慾望太強大，我也很會賺錢、很能賺錢。學生時期靠著當平面模特兒、電腦老師存下不少錢；出社會後第一份工作就是擔任財經新聞台主播，薪水相當優渥，所以我早早便存到人生的第一桶金：兩百萬！

對二十幾歲的年輕人來說，身上有個兩百萬，那真的是一筆很大的錢。我再怎麼愛買東西，也知道這兩百萬必須好好珍惜，最好能妥善投資，讓錢變大。正巧當時對主播檯的工作感到厭倦，我苦思著職涯的長久之計究竟是什麼？「創業」兩個字是當時不斷浮現心底的答案。

當我想要創業，就真的有這樣的機會出現，讓我一圓老闆夢！

當時台灣只有一家位於台北信義區的華納威秀影城，而有消息說中壢SOGO百貨正對面的全新建築物要與華納威秀合作。於是，我和想創業的朋友拜訪建築物的建商，建商說已經和華納威秀簽了約，確定要推出全台第二家擁有十廳院的華納威秀影城。

「太棒了！我們就開間時尚風格的草莓專飲店取名『Hi Magie』！」

「沒問題，售票口旁邊的第一個店面位置最好，可以給你們。」

這真是天上掉下來的大好機會，不是嗎？第一次創業，第一次開飲料店，就能設址在華納威秀售票口旁邊！我就是想開一間未來能夠發展連鎖加盟的飲料店，有了這個好位置，我覺得「Hi Magie」品牌已經成功了一半！

因為設定是連鎖飲料加盟店方向，所以我和股東對於品牌打造可說是相當高標準。那是一間從裡到外都精心規劃與具有品味的草莓專飲店，以當天產地直送的現打草莓為主訴求，用料力求新鮮質優；視覺也講究全開放透明的秀面設計，品牌旗艦首店的企圖心已直逼大型連鎖集團，並請來廣告設計公司打造ＣＩＳ（Corporate

Identity System；企業識別設計系統），連衛生紙、吸管和外帶紙杯都印有質感滿分的品牌logo；甚至還寫好了足已支應五十間分店營運的POS系統程式。

「你們這根本是草莓界的星巴克！」大家看到店頭整體視覺均忍不住給予讚美，尤其得知這樣高規格籌備時，更是感到不可思議。是啊，我們並不自我設限為單店或本土品牌，為了盡全力把事情一次做到位；也因為認定「開店就能收現金」讓我勇敢地一次把資金幾乎都投入在籌備過程裡，所以到了開幕時，我們幾乎沒有預備金。

氣魄如此，可想而知兩百萬幾乎是瞬間蒸發，且不提視覺設計、電腦程式的花費，單單店租，就是一個月十八萬的支出！不過花費昂貴並不足懼，我眼裡看的是「Hi Magie」品牌的未來價值。

當時影城預計開幕後的第一檔電影是尼可拉斯凱吉的《蛇眼》，「他本人會出現在華納影城開幕宣傳造勢！」聽到建商刻意洩漏的開幕宣傳梗，我們超級興奮！

紛紛幻想著尼可拉斯凱吉出現在店裡買飲料的樣子……。

但是現實總是始料未及。我的尼可拉斯凱吉最終還是沒有來，就連「華納威秀」的招牌也不曾出現過。影城開幕的那天，我覺得自己簡直是遭到詐騙，這哪裡是華納威秀？招牌上寫的是從沒聽過的「威尼斯影城」?!

原來，建設公司覺得華納威秀要的權利金太高了，於是決定「自己開一間影城」。

「華納威秀的權利金太高了啦，播電影還有授權費耶。」

「我們也可以去談影片授權啊，一部又沒有多少錢，不就是播出來而已嗎，何必要透過華納威秀？」

當我們質問建設公司，他們理直氣壯地説著。建設公司想裝懂做影城，對此我沒意見，但是當初要不是對外打著「華納威秀」這個影城品牌，包括我們在內的許多店主會願意付這麼高額的租金來展店嗎？這家建商天真的以為把影片找來播，椅子擺一擺，這樣就能成為「影城」了，像是井底之蛙般的自以為是還不打緊，可憐的是所有在此開店的店家也一起賠上。

論地點，此處實在不差。中壢附近有十三個大專院校，影城對面又是知名SOGO百貨，按理影城生意一定做得起來。但年輕人的消費就是衝著品牌來的，對中壢的年輕人來說，假日就是想要出門走一走，一小時不到的車程時間，就能和同學到熱鬧的台北信義華納威秀看電影、吃東西逛街；那為何要留在中壢，待在一間不夠時尚，說出去也沒人知道的影城？

「小姐，你是不是在百貨公司上班啊？」

「不是耶，我在對面影城上班。」

「蛤？對面有影城嗎？」

開店二個月後的某一天，我到附近餐館吃麵，和賣麵的阿姨閒聊，當她困惑地說不知道這邊有影城時，我當時心裡一陣涼到腳底。這間影城已經沒有名氣，沒有品牌優勢了，宣傳的廣度及力道竟然還連隔壁街都不到……

不久，影城地下一樓的美食街很快就撐不住了；二樓的一些潮牌也一家家關門，這是當然的，引入人流的影城如果不給力，大家不進來，要怎麼帶商機給二樓和美食街？我們雖然在一樓，但是影城生意青黃不接，假日時，我們的飲料店有機會損益兩平。然而，作生意並不是為了打平，而是為了賺錢。在各項基本開銷都很高的前提下，如果只有假日的營銷能打平，平日不行，長久下來依舊會出現危機。

預見此危機，身為大股東的我，必須負責任地做出決斷，很快地就決定要停損收店。收拾局面的過程中，**我第一次體會到「老闆其實不好當」，原來開店關店都是一樣花錢的，當時財務早已捉襟見肘，但還是要負責任地拿出肩膀來堅強處理資金問題，來支應所有員工及工讀生的資遣費；還要趕緊將還合作廠商的尾款都結清處理完畢，開店關店都要完美。**

開店僅僅八個月，還撐不到百貨周年慶的檔期，這場戰爭就這麼草草結束了。從小到大，我一直是個沒有遇過挫折的小孩，幸運地一路平安順遂長大，總是感覺要什麼有麼，一切都是理所當然的。這次算是我人生中遭受的第一個重大挫折，存了很久很久的兩百萬就這樣瞬間化為烏有，當時真的覺得天都要塌了！

在最沮喪的時候，我分析起心痛的原因，發覺有兩種自我否定在折磨著我。其一是根據失敗的事實，我責怪自己「為什麼沒有把事情做好？」原本我很樂觀，因為自認我們精心設定、執行好所有的細節，包括從飲料的選料、調味，以至於視覺美感，都算是同業中的上乘表現。當初設店在售票口，也是出於一種選點的心機，我們認為主力客群是年輕女孩、ＯＬ，她們大部分是和男友或是好友來看電影，當買完電影票，女生們一看見我們 Hi Magie 高顏值飲料店，一定忍不住想買一杯去看電影，於是男伴就會乖乖地買單了。

後來巡店的時候，發覺的確如我們設定一般，主力客群的消費情境確實如此。

可見我們品牌定位的確是做對了，但是做生意不是把事情做對就能成。環境並不支持這樁生意，這個山寨版的威秀影城並沒有帶來預期中集客和吸客的效應。

其二是我怪自己「全盤皆墨」，為了創業，我下了極大的決心，不僅離開人人稱羨的主播檯；還把當時的畢生積蓄全都投了進去。為了好好衝刺這份事業，我還在影城的樓上租了一間套房，直接住在那裏，好讓自己專心工作。豈知結果竟是既沒了工作，也沒了積蓄，瞬間Show Hand我所有籌碼。

沒有了籌碼的我收拾完殘局，回到台北後，我的心情低落到不知如何形容，索性就決定就任性地「給自己三天的時間大哭」，只有三天，我讓自己想哭就哭，可以什麼事都不做，不吃飯也不睡覺，一直哭就對了。我真的哭得非常慘烈，把所有心裡的委屈和不平都宣洩出來。

想不到渾渾噩噩與負能量混戰三天後，竟然得到莫名平靜。我體認到事情終究是現實，是該回到現實的時候，況且這件事也並非一無所得。

「妍容……你你……你還好嗎？」

「要……不要…那個……出門和大家吃個飯？」

那段時間，三不五時就會接到這樣說起話來支支吾吾的電話，聽了覺得好笑之外，也有點感動。通常在朋友圈裡，我總擔當「安慰別人」的角色，再怎麼困難痛苦的事情，朋友找我聊聊後，好像也就「充完電了」，可以振作了。可是如今輪到我掉進那麼大一個坑裡，朋友們連想提起這件事都不知道從何開口，最後通常是我一句「放心啦，我沒事」，才讓大家鬆了口氣。

不經此事，就不曾察覺身邊的友誼如此感人。有這麼多朋友關心，我怎麼好意思消沉？再說，我很快地意識到像我這樣「做起事來經常竭盡所能投入，毫不保留」的獅子座猛烈性格，這一跤就像長水痘或麻疹，這輩子總要發生一次。我應該感謝這一跤發生在二十幾歲的那個時候，全力以赴也就是二百萬的規模；如果過了十年才跌這跤，這數字肯定至少再添一個零，會是「沒有個兩千萬也收拾不了」的場面。

就當這兩百萬買到一個價值兩千萬的經驗，這非常值了，並且，還換來一個刻在心上的標章，永遠提醒著：

「做任何事情，都可以再多想一點。」

「做任何事情，都要設定『不成功』的退場機制。」

經過這件事，我依舊是那個自信心強大的妍容，不過我也學會做事必須思考退場機制，不再只是一個勁地往前衝，瞻前不顧後。「回不到過去，改變不了現實，那就接受它」、錢再賺就有，**金錢永遠是「絕對值」的數學題，可以負二百萬就絕對有正二百萬的能力**，狠狠哭完三天，我在心裡這樣告訴自己。之所以能快速從挫折中回神，可以說，我擁有強大的回歸現實的能力，不去沉溺在已發生的過去，也不去寄託虛無的未來，就是回到「現在」，但事隔多年再回顧這一段，我認為更重要的是，我能打從心底相信自己一定能更好。

最能彰顯一個人是否有信念的時刻，不是意氣風發時，而是低潮自處時。這種信念，是一種人生一定要走向更好境界的自我承諾，力量強大到足以改變全世界！

寧可為新創品牌冒險，也不在龍頭品牌裡喪志

「妍容你看，他們在找有經驗的年輕主播耶，很適合你！」

「嗯，可是我想要轉換的是環境，不是另一個新聞台……」

當我為創業失利而傷神的時候，新的工作機會也悄然靠近。但是我不打算回到新聞圈，反而是前往一個陌生的城市，從事陌生的工作。也許對別人來說，回到老地方可以找回安全感，但是對我來說，挑戰下一個未知，才是真正找回自己的方式。

從中壢回到台北後，友人都認為我該回到新聞台「東山再起」，但我壓根不考慮再回電視台，倒是另一個前往北京的機會吸引著我。那是台灣的學術單位前往中國作巡迴演講，演講的內容是台灣成功的品牌經驗，這個專案需要一個常駐中國的主持人。當我聽到這個邀請，心裡為之一動，「對了，就是這個！」

老實說，北京到底多遠，長什麼樣子？當時的我全無概念，身邊好多朋友一聽到我要去中國，故意笑我：「妍容，你要流放北大荒喔？」「去中國？要去吃香蕉皮嗎？」對比如今中國的富強，很難想像當時這些話，但也就是這樣未知及不確定性強烈吸引著我。

可是對當年離開新聞台又創業失利的我來說，在出社會後的一兩年內迅速經歷了雙重幻滅，正需要徹底轉換到不同的環境，讓自己重新開始。

我在身邊友人一片不看好、不可置信的聲浪下，出發前往北京。這段中國經驗後來成為我設定自有品牌時很重要的一個時空背景，出國時大家都在質疑，但我卻因此見證了中國快速崛起的發展過程，完全應了「失之東隅，收之桑榆」這句話。

在北京的生活相當豐富，但專案是一年為限，時間到了，當對方要再續約，我卻覺得沒有必要了。我不愛做一成不變的事，與其在北京繼續做熟悉的事，我寧可回台灣迎接下一個重大挑戰：成為購物專家，而且是全新購物台裡的購物專家！

當時是二〇〇四年的第四季，中信買了VIVA，富邦金控集團正要成立momo台；而先前在台灣購物台市場獨領風騷多年的東森也將成立購物一台與二台，換句話說，台灣的購物台正要進入風起雲湧的戰國時代。

當市場進入戰國時代，就高度需要可應戰的人才。像我這樣來自正統新聞主播檯，有豐富直播經驗，消化整合訊息快速同步，在鏡頭前口條清晰；又因為累積許多現場主持經驗，臨場反應好的人，正是當時購物台最想要的人才。

即便如此，我也沒有因此得意過頭，影響了自己的判斷。當時的購物台龍頭東森與新品牌富邦都和我面談工作，面談的過程也都相談甚歡，最後我選擇到富邦

momo台，這個選擇再次地令旁人不解，不懂我為何捨龍頭品牌不去，要去一家「不知道能不能做起來」、「不知能做多久」甚至根本還沒開台的新購物台。

「妍容，這合約給您看，如果有覺得那些地方不合適，再跟我們說，我們來討論看看。」

「妍容，這合約你只要負責簽名就好了。」

影響我做決定的這兩家購物台訂合約的態度，momo台的合約為期三年，對購物專家的去留保持著一定的彈性，合約內容也充分尊重我的意見；東森則是一簽就短則五年長則七年，提合約時，也言明我沒有「任何」討論空間。我以為自己聽錯，特地向對方確認：「只負責簽名的意思是內容都沒有得討論嗎？」對方說：「對，沒得討論，我們的主持人都是這樣簽約的。」

「沒得討論是嗎？那好，這合約我也不用看了。」聽到對方高姿態的回覆，我不動聲色，心裡卻直接做下決定。不論對方是多大的品牌、來頭，一開始簽合約就沒有任何空間，那麼這公司未來的工作發展空間，也不需要再想像了。

我的決定，看起來很不理性。東森論品牌論會員論經驗值，不論是自我感覺良好的職場老鳥，或是一個任何毫無經驗，想要從零開始學習的購物專家，理所當然都該選東森，他們的規模在當時是第一也是唯一，營運模式也已運轉順暢，無疑是新人力求成長時最可靠的平台。

反觀富邦ｍｏｍｏ台，當時是草創階段，只有一個五坪不到的小小籌備處，連攝影棚在哪兒都還不知道，面談的地點，也只是一個小會議室。進了公司就等於要共患難，一起去拚出一個局面，這真是從零開始中的從零開始。對別人來說，這可能是噩夢，**但我卻欣喜來到這未知的戰場，感受著未來的答案由自己創造的興奮感與成就感！**

此外，我喜歡富邦的理由還有一個：當時的momo台主張的銷售方式非常不主流。

富邦金控集團有來自韓國企業交叉持股，購物台成立也取經自韓國的購物台模式，所以我們接受的銷售訓練是很不同於台灣主流的購物台。當時momo台的購物專家在節目上不用報「0800……」，也不能說出「爆線」、「滿線」、「打電話了」這些字眼，更不能說「現在剩下N組」，所有關於銷售的字眼都不能提，因為momo台想要創造的是理性消費族群，希望大家買東西是因為真的喜歡，而不是因為被購物專家話術催眠而下單。

為什麼？因為催單催出來的業績，最後還是會因為大量的事後退貨而打回原形。我很認同這種不靠催單的銷售方式，因為我本來就不愛強迫別人，同時也認為在這個前提下，**購物專家要拿出更多真才實學才能說服理性思考的觀眾。我最喜歡這種必須練出一身真本事的感覺！**

開台時第一次直播的第一單進線成交到第一天單日達一千萬業績，下節目直接與總經理一起切蛋糕慶祝，每一場勝戰無役不與，我在momo台開台的確得到很好的發展。momo台當時給了我一線當家的位置，除了讓我負責擅長的流行時尚精品，在宣傳造勢上也極力捧我。事隔多年，在網路上還能google到當時公司拿我和友台的利菁做文章的新聞，現在看起來覺得很有趣。

雖然一開始在所有人的努力下，momo台走出了自己的風格，可以和友台分庭抗禮。不過，到了某個時間點，momo台還是改變了路線，或接受了現實，也成為叫賣型的購物台。起初，我負責的線路因為是精品珠寶，本來就不適合聲嘶力竭地「叫賣」，單價相對地高，也不是喊一喊就能賣得動，所以相對來說，受到的影響比較少，我還是可以維持自己風格質感的銷售方式。

「購物專家」這個在我職涯中最愛也最恨的工作職位，第一次知道什麼叫做「賣命工作的榮耀感」，這是一種打從心裡讓血液沸騰的嗎啡，讓我二十四小時隨

時待命，不論是最早五點到公司，抑或是LIVE到凌晨三點下班，寒流強颱酷暑皆然，我當時好愛這樣分秒備戰的工作型態，我愛這個戰場跟愛我自己一樣。

但是後來momo台對於購物專家「叫賣」的要求越來越強烈。我不能否認以業績來說，大聲叫賣是這個生態是主流的一種表演方式，但我實在很難勝任這種誇張的表現方式。

就在我對「叫賣」存疑抗拒時，正好中國購物台順勢興起，並找我去訓練購物專家，momo台這美好的一仗我已打過；我知道該是時候再出發了。

從台北到中壢，中壢回台北；出發飛往北京，又飛回台北；繼而我又前往北京。那些年面對職涯的屢屢變動，我總是獨自面對許多質疑的聲音，自己也未必能對所有決定都能百分百給予肯定，但是我總覺得**既然沒有人能說得準未來，那麼最該相信的還是自己！**

就表面看來，我轉換了很多工作，可是一路以來我也一直在累積品牌、銷售、營運、行銷、通路、國際市場等多方面的實戰經驗，這都是後來操作自有美妝品牌時的重要養份，如果那些年我不夠信任自己，不追隨內心的呼喚而繼續待在原地過安逸的生活，也就無法成為今天的我了。

人生的得失，不是當下能衡量的，然而時間會證明，讓人生不後悔的辦法只有一個：聽自己的，為成敗負起完全的責任！

chapter 3

「品牌」這本帳，和你想的不一樣……

一口氣推出十個品牌

「妍容，你是不是該專注推出一個品牌就好？」

「為什麼你們不推出像LA MER這樣殿堂級的品牌？」

擔任生醫美妝保養集團執行長後，三不五時就會有人這樣問我。大家總是覺得做一個品牌就已經耗盡心力，商學院的課本和期刊文章裡也是這麼說的，那公主怎麼能夠有勇氣一次推出這麼多品牌？有趣的是，可能正因我的心得是來自全球市場的實戰經驗，所以一開始，我就任性地打定主意走多品牌策略經營。

在我卸下購物專家職務，前往中國執行專案之後，創業的機會再度向我靠近。這一次情勢大不相同，我不但擁有完整電視購物資歷，也對國際美妝市場相對了解；我的合作夥伴更是實力堅強，是擁有研發能力，長年為國際一線美妝品牌OEM的台灣GMP製造廠。我們早期因合作電視購物而結識，合作愉快後成為多年好友，在理念及默契均契合的情況下，戰略合作立即拍板定案。

擔任集團執行長後，便陸續在中國、台灣和美國註冊十個品牌，當初很多人聽到我這麼做，都要嚇壞了，覺得印象中的品牌不是都得千錘百鍊才能推出？我這麼「多產」，真的可行嗎？

大家對品牌的想像長期受到大品牌宣傳模式的侷限，便以為自己創業時也該這麼做。事實上這些耳熟能詳的國際品牌之所以成為今日的樣子，都有他們的歷史累積，「經典」所以為經典，就是無法一蹴可幾。但就算不是經典，依然可以成就自己的品牌生意，關鍵在於我們能把通路和客群想得透徹。

「妍容，我們以前很熟悉電視購物的模式，那之後我們的品牌是不是只做電視購物？」

「怎麼可以？做生意不能把自己框住！」

做品牌首先會浮上心頭的迷思很可能是**「通路策略就是鎖定特定通路」**，**這觀念裏頭有對，也有不對**。除非是極有歷史的老牌子，或者是早已闖出名號的大牌子，否則對新上市的品牌來說，一來不能亂槍打鳥，以為任何產品都可以放到所有通路上；二來卻也不要過早把通路策略全鎖死，不要太死心眼，以為專注經營單一種通路「就好了」。

美妝品牌的通路通常是以下四種：百貨公司、開架藥妝、電視購物、美容沙龍等等。在電視購物或美容沙龍流通的品牌，通常帶有某種封閉性，特別是美容沙龍的院線產品，例如你就不可能在「施O雅」買了一套十萬元保養品系列，走到樓下SOGO百貨發現這品牌正在周年慶折扣，滿萬送千再打七折。大概就是因為這種封閉性，讓大家以為推出品牌只能鎖定在特定通路。

以前當購物專家時，經常和廠商一起開商品會議，當我提到：「你們的A牌商品很好，但是單價偏高，只在特定通路販售。」

「能不能有同公司但是價格親民的品牌，也販售類似成份訴求的產品，放到別的通路？」

對方總這麼回應：「我們公司中只有A牌這種商品」。意思是無法因應需求再開發新品牌，從分眾的角度來說，這是很可惜的。好比日系的大品牌，特有的關鍵成份可以分布在高、中、低三種價位的品牌帶，讓三種消費者都能買到具有該成分又有級別效果的保養品，既能彰顯這個關鍵成份，又照顧到不同族群的需求。

所以我認為大原則應該是「只要有人需要保養品，就是我們可以銷售的時候。」**如果「通路」是個容易令人迷失的字眼，我建議不妨先思考「客群」**。找到客群定位的主力方向以後，該做什麼樣的品牌？該放那些通路？這些設定自然就會一目了然，**最關鍵的是必須找到消費商品的主力族群，想像他們的購買需求與使用情境。**

當SKⅡ還是「蜜斯佛陀」的時候，家裡祖孫三代的女人都能用同一罐乳霜，可是現在每個世代，乃至於每個人都有情有獨鍾的品牌，所以我認為，做品牌的人不能太自戀，不是想著自己要做什麼，應該要自問的是：市場要什麼？客戶要什麼？

「我們喜歡運動，可是也很怕曬黑或皮膚變粗。」

「打高爾夫球的女生很需要戶外美妝品！」

今年有一個中國女子高爾夫學院，前來洽談合作，這就是最典型的例子，他們的會員就是「愛運動，講究運動專業，並且在乎膚質的都會名媛」，即使打完高爾夫球，都還會化妝及造型，這個客群已經確定了，我幾乎可以想像得到要如何訴求選定這支保養品牌，接下來的事就交給研發團隊來處理成份問題。

對於做品牌的人來說，族群一旦確定了，品牌定位也就清楚了。但不是每個要做品牌的公司都能想得這麼透徹。

「妍容，我們想和你們合作，推一支美妝品牌。」

「你們想賣給什麼樣的客群？」

「就賣給女生啊。」

「那想要定在什麼價格帶？進什麼通路渠道？」

「嗯，商品出來了，通路就會知道了。」

每次聽到類似上述的對話內容，我總是膽顫心驚。**做品牌，資金少、調性偏都**

不是最致命的弱點，多品牌也不足以為懼；定位不明確才是最該擔心的事。在商場上我通常很願意冒險，願意嘗試貌似不可能的事情，唯獨無法和這種自己都找不到戰場的客戶合作，簡直是虛擲精力。

還有一個典型迷思是「做品牌就是要砸大錢」。從永續經營的角度來看，品牌真的是不歸路，行銷成本的確很高。可是如今這些成本已經不包括撒錢下廣告，或者瘋狂促銷。就像前面提到，這已經是個分眾行銷的市場了，且不論研發端的前置成本，**在行銷這一端，把氣力放在找到對的客群接收訊息的方式，遠比電視狂播廣告來得重要。若真的有預算，也應該投放在ＴＡ看的到的地方。**

也有人質疑「一口氣推出多個品牌」是否是種消耗，過份地分散了公司的資源精力？我想這要配合整體的策略。以我們團隊為例，因為主攻的是中國與東南亞市場，一口氣推出的十個牌子都陸續在中國註冊完成，這就像是先備好子彈和糧草，直接促成後來找我們跨業合作的中國案子都非常順利，再一次印證「決戰千里之外」。

怎麼說呢？好比和中國高爾夫球學院的合作，因為我們集團本來就已設定一個訴求戶外曬後美白，形象自然陽光的Ocean Lab品牌，開會時既然已經明確知道消費客群，設定好品牌後商品立刻接軌上市，跨業合作的商品直接歸屬Ocean Lab品牌底下。換言之，如果原本沒有這個品牌，就算合作拍板定案的時間再快速，但是創立品牌、註冊商標、新品上市都是曠日廢時的事，中國美妝市場瞬息萬變，只給準備好的人發牌。

尤其台灣保養品要原裝進口中國，中國藥監局核發的進口准證是必定要有的，申請時間最快也要用上半年，多數人都是八個月到一年之間拿到。這張准證並非一個牌子用一張，而是一個品項就要申請一張。試想，如果一個品牌有十五支品項，一個品項的申請費用約莫十二～十五萬，一次同時申請進口准證，就要在八個月內花將近兩百萬，而且這只是前置作業，沒有任何回收。

可想而知，大部分的台灣廠商都不願做這樣的投資，都希望等通路確定簽約某支產品時再來申請即可，初期先走小三通無妨，可是往往都已失去先機，被別的品牌搶走市場。當我們起步時，為了走向國際市場，費了很多成本和心思在前置基礎建置上，看起來像是很傻的原地踏步，但事後都證明當時若不傻傻地做，日後保證會失去更多。**一支產品的准證要十幾萬，但是一張訂單卻是幾千萬，孰輕孰重，如何取捨！**

要捨棄當下的成本，還是放棄未來的獲利？答案應該很清楚。

從產品到空間，都要堅持美學藝術

一口氣推出十個品牌還不是最冒險刺激的事，公主這個集團CEO更是任性的直接改造整個企業形象，就從換辦公室做起，而且堅持不租只買，就是準備要大興土木的好好裝潢一番！

買和租真是天差地別，企業租辦公室，月租金至多是六位數，都還在基本範圍；但是說到要買，都是動輒上億的預算，買了之後還得裝潢，身為一個高階領導人來說，是如何說服集團股東同意這筆投資？又如何評估這筆投資所能產生的效益？

從我進入集團企業之後，常常所提出的提案簽呈都令大家跌破眼鏡，從「我要做十個自創品牌」開始到二〇一六年的一個重大決策就是自購新的企業總部。

一般傳統製造業的辦公室通常不太講究，經常是設在市區的一間業務辦事處，大約在二十~三十坪以內，請幾位同事進駐，擔任接電話、處理訂單及客戶服務等業務行政庶務工作。正因為客戶不太需要親自拜訪，訂單可以透過E-Mail傳真往來；樣品就從工廠寄到客戶公司，所以這類型辦公室往往非常「將就」，簡單到有時會議室看來就像倉庫，堆滿了紙箱和文件。

可是做品牌就不一樣了，必須「講究」，尤其做了品牌之後，會有許多通路商、想要談跨業合作的品牌商前來拜訪，我怎麼能讓客戶在倉庫裡開會？尤其完全不認識的新客戶看到這樣的門面，會是怎麼的想像？

不用等到讓客戶懷疑，我立刻有了「要自己創造一間專屬的時尚美學OFFICE」的任性想法，怎麼說任性呢？因為我要一次要花掉公司超過八位數的預算，要怎麼説服董事會又是一件困難的事，畢竟現在的辦公室規格已在同業之上。

「我們是要經營永續的美妝保養品牌事業，十年二十年甚至更久！」

「若十幾年後我們還是房客，房東要收回，我們就只能認命搬家？」

「作爲國際品牌的集團辦公室必須具備美感，但是我們願意花大錢去裝潢租來的地方？」

租辦公室，至多一個月花二十多萬租金，但是買使用超過百坪辦公室，特別是在台北市，沒有上億資金，是不能成事的，當然是個非常重大的決定。當我認真分析利弊得失時，在場股東只是笑了笑，都覺得「反正妍容就是很敢想很敢講啊」，但這不是講講而已。

向來説到做到的我，一方面積極遊説董事會同意，另一方面早已著手看屋，尋找心目中適合的企業總部，於是乎不久，格局方正採光美、開門獨享六十坪私人櫻花園的超夢幻二百多坪辦公室簽約完成，接著，我的藝術美學融合商業空間的客製設計想法正要實現。

因為，這絕對不只是一間「辦公室」。

我把辦公室當成「高端會所」來經營，每個角落都不是使用現成的建材，也絕非套用國內慣行的辦公室裝潢格局。除了大量使用進口的歐洲建材，我們還原裝進口整套百萬的日本玉川溫泉岩盤浴；我也拿出私人珍藏的畫作、藝術品和寶石，布置了二區的私藏藝廊；最是費心的就屬這六十坪的戶外花園了，因為公主就是任性的想要坐在辦公室就能賞櫻。

為了這「獨家賞櫻」的終極任務，我真的從楊明山上移植一棵櫻花樹到戶外花園，就算花費許多成本、非常費事，我還是確定要種。「櫻花很難種」，「移植存活機率非常低」園藝廠商多次這樣告誡，但「機率很低」這四字聽在我耳裡，就是代表還有機率，有機會就該試試看。

果然，第一棵櫻花樹活不下來。我心裡很是自責與惋惜，那麼美的櫻花樹從山上移植下來竟然無法生存，股東們也勸我「你已經試過一次了，既然不成就換一棵好種又便宜的常綠植物吧。」但是**任性的基因再度發作「我就是要一棵櫻花樹」**。**總算，二〇一七年的春天，公主在尖叫聲中等到的第一次私人櫻花的美麗綻放**。

搭配預留好的管線和花台，戶外花園會以櫻花樹為中心，形成一片漂亮的景致：花園旁是半開放式的空間，有一百吋大螢幕、英國環繞音響、中島料理台及落地紅酒櫃，未來要辦展覽、餐敍、午茶或派對都不成問題。看到這裡，大家一定會說：這樣也實在太誇張了。

真要說到誇張，我不得不自己先承認「純金打造的法式執行長室」才是翹楚。

「妍容，你的辦公桌椅都有貼金箔，辦公室裡還有法式線板搭配羅馬柱風格？」

「一般辦公室就是OA耶，你這樣會不會太誇張？」

朋友們看到我這麼大手筆地打扮自己的辦公室，都不能理解為何我「這麼瘋狂」？我只是任性地說：「我就想這樣上班啊！」

除了我自己的辦公室，很多公司空間使用的建材，比如會議室全真皮的椅子、展示間義大利的花磚、VIP室西班牙的清水磚跟大廳比利時的壁紙等等，都是直接從國外訂貨要等數月才到，而且我願意等，這是自購辦公室，未來使用的年限可能很久，十年或者二十年，甚至更多，等建材幾個月又算什麼？

有些人會覺得這裡是「講求效率和效益」的「辦公室」，就算是搬家，三個月或半年之內就該全部到位了，可是我不這麼覺得。**效率和效益都不是只看一時的，**如果只是按照一般辦公室的裝潢方式；真要極致地將本求利，那麼一開始就乾脆連辦公室都不需要搬了，甚至根本不需要做品牌，單純地在產業中擔任製造的角色，最能將本求利。

但那已經不是我們要去的目標了，**既然走上品牌這條路，那就從頭到腳，從內**

到外，都讓自己成為品牌吧！

那麼，如此重金打造令人讚嘆的辦公空間這項投資，難道只是增加視覺的價值，真的還會有「實際的作用」嗎？

真是無巧不成書，剛好有這麼一段談話能當作例子。

在辦公室完工度約莫只有七成的時候，某次一個從來沒有合作過，也完全與我們團隊沒有任何私人情誼的廠商，登門初次洽談。首次會議結束前，他就決定要和我們合作，準備簽約。我當時感到非常驚訝，一般來說，即便有交情或是舊客戶，一張合約談了兩三次後成交，皆為常態。

「林總，我們初初認識，您怎麼能這麼快就決定要合作？」我忍不住地問。

「我一進來看到你們公司，就很放心。」

「一看裝潢就知道你們做事的用心，而且肯定是自己買的辦公室，那就更放心的合作了。」

原來他不只是看到我們在裝潢細節處的用心，也看到了我們永續經營的企圖。初次見面，人和人之間，甚至公司和公司之間，最難建立的就是信任，但因為放心而信任，才能促成交易。**「信任和放心」是無形的，如何令別人心動，令自己傳遞出值得託付的感覺？光靠實力是不夠的，在這個講究顏值外顯的時代，我們務必要琢磨如何讓自己內外兼具！**

追求專利，堅持一路卓越

做每種產業，都必須想想自己和同業的分別是什麼。不一定是高下，但必須想想差異在哪裡？如果和別人並無不同，要如何讓有效客戶看見你、選擇你？很多人都想從模仿開始，現在夯什麼，就依樣畫葫蘆。可是如果從通路、價格帶、成份訴求到外包裝，一切企劃都很像，消費者除了一時不察，不小心買錯之外，有什麼理由要去買「山寨貨」？

模仿讓人看似省下很多成本，是一種捷徑，但事實上模仿只是參考的基礎，找到別人的優點之後，必須醞釀出自己的東西，所有的成功都沒有捷徑，你必須與眾不同；並且為了這個不同，必須付出高昂代價！

很多成功的品牌都有無法被超越的價值，當我們決定推出自有品牌時，也極力思考著除了透過品牌故事塑造價值，透過通路來定位品牌，我們該怎麼樹立品牌的獨特性？

「國際專利」就是我們團隊選擇的利基點，因為我們來自在美妝產業有近二十年經驗的製造團隊，擁有自己的實驗室及研發博士、醫師團隊，在研發上的基礎，我們本來就站得比同業更穩健，也更專業。時至今日，若論台灣自有工廠、研發團隊的美妝保養集團，以拿到的美國、中國、台灣獨家幹細胞專利認證來比較，我們絕對是第一。

把國際專利當成不可撼動的企業核心價值，是一條相當漫長而艱辛的道路，尤其我們鎖定拿台灣、中國與美國這三地的專利認證，從推品牌開始到現在，這條路始終沒有停下來，也總是充滿著掙扎。做對的事，不代表可以不掙扎，這條賽道太漫長，沒有人能始終明心見性。「國際專利」、「核心價值」固然是很漂亮的用詞，說出來大家都會支持，沒有人否定，但核心價值究竟要怎麼發展？大家的堅持能到什麼地步？

針對現有的技術去申請專利，這是大部分人的想法，但是我不這麼想。

「霾害很嚴重，防曬隔離霜除了隔離紫外線及空汙，能不能隔離PM2.5重金屬？」

「大家都在睡前LINE及追劇，晚上擦的乳液能不能抗藍光？」

我經常在會議上丟出一些讓同事摸不著頭緒的現實問題，但這並非無的放矢。美妝保養如果只是標榜保濕、美白等等功能，或是傳明酸、玻尿酸等成份，那是很無趣的老生常談，和同業沒有差異。**我認為專利研發的方向應該和當前時勢、強勢議題所結合，那才真的make sense！**

霾害是這時代的顯學，目前大家都只能戴上口罩來面對，可是置身過霾害的人都知道，霧霾對人體的傷害，並不是遮住鼻孔就能抵禦。比起鼻孔，皮膚毛孔才是全身面積最大的器官，全身毛細孔超過兩百萬個以上，如果可以研發一種「塗擦的防護層」，塗在皮膚上，那就比口罩更厲害，也實用多了。

藍光也是一個熱門議題。我曾經看過一篇報導，有個英國部落客因為每天都要自拍超過兩百次，擔心手機藍光對皮膚造成影響，前往皮膚科檢查，醫師診斷掃描後，發現她的臉的確因為長時間受到藍光傷害，而產生皺紋、泛紅發炎、色素沉澱和雀斑等情形。對我來說這個訊息真是太上心了，那麼多的女人包括我在內，總是在洗澡後就寢前對著ipad或筆電、手機猛追劇，殊不知螢幕投射出來的藍光竟然如此傷皮膚！

不論是霾害或是藍光的危機，聽在我耳裡都變成「商機」，雖然我並非醫師或生物科技專家，也不了解保養品成份，可是我知道消費者有這個需求，於是丟出上述的想法，後續研究交由專業的研發團隊來著手。有醫生把關「安全」，有博士研究「效果」，雖不知需要投入多少費用、花多久時間完成，但是至少朝這個大方向去做，一定有機會能做出與眾不同的東西。

後來果真在專業團隊齊心努力下使命必達，我們終於研發出足以隔離及代謝重金屬的保養品技術，並且在辦公室的專利牆上再下一城；後又得到國際抗藍光的技術專利，這些技術未來都可以完全運用在我們的保養品上。這就是一種很明確的市場區隔，也樹立了我們的品牌高度，直接將美妝保養時代帶進專利5.0時代。

「不過就是賣塗塗抹抹的美妝保養品，需要去貼近藍光或霾害議題？」「別的品牌訴求一個成份功效就可以賣破億了，包裝行銷話術比較快啦」這樣的聲音，我倒是常常聽到，但是我就是認為**不論從事哪一行，商業的本質就該努力貼近消費者關切的議題，找機會運用在產品上**。同樣是霾害與藍光，假設我賣的是衣服，我就會尋找或研發機能布料，試圖讓顧客穿上後足以保護皮膚，這種連結是必須靠自己去尋找、產生。

不過，專利只是專利，專利不等於也不保證營業額。

「以國際專利作為企業核心價值」是一句很有高度的話，但是高度都必須經得起現實的錘鍊。且先不論消費者是否青睞，單是公司內部，一般的股東、老闆以及財務主管都很難不去衡量「專利」能換取的實際效益。

一張專利的成本就很驚人，假設聘請兩位生技博士及醫師顧問群投入這個專案，可能需要兩三年的時間，除實驗室及材料的固定支出之外，光是專業人員三年的薪酬即是一筆可觀的支出；而且沒人能保證專利一定拿的到，如果最終這個專利沒有拿到，這些支出在公司帳面上就形同白忙一場。即便申請到了，這一張薄薄的紙也無法確保營業額，算不出回收效益，有可能最終只是掛在牆上的一張紙而已。

「申請專利很花錢耶，那我們申請個兩張就好了」

公司裡曾經出現過這樣的聲音，我能理解對方為何這麼說。因為只要拿個一兩張專利，也就足以對外宣稱「我們公司有專利」；相對的，致力於專利研發，如果只是埋頭苦幹，不時時大張旗鼓開記者會宣傳，誰會知道我們這麼多年來得到的國際專利認證已經多到變成一面專利牆？

拿兩張專利和拿一百張以上的專利，都能以此自我標榜「我們追求專利精神」，但所要耗費的時間及成本相差何止千里！

然而，如果一開始就期許自己走向國際，為了「品牌高度」所付出的鉅額成本，就是必要的花費。**可以「被認證」為第一名，那就必須成為第一名；這是理念，也是堅持。在商場上，所有能令自己傲視同業或國際的事情都必須去爭取！**比如，前面提及我們拿到了抗藍光的中國專利，這意味著接下來十年之內，在中國境內將沒有任何一間廠商可以宣稱自己開發或製造出「抗藍光」的美妝保養品，除非與我們合作，或者得到授權，否則都只是虛無的口頭宣稱。

這種「以正視聽」的感覺是不是很棒！如果有能力，為什麼不當第一？這種「第一名」的效應，不是只有自己覺得痛快，對於合作廠商來說也是一種安全感，不需要費勁解釋太多，當客戶看到整本厚厚的專利認證，就能軍心大定，放心將訂單交給我們。

拿兩張專利，只能片面的自我標榜，同業都知道你在玩什麼把戲。**只有長期耕耘，堅持追求卓越，才能形成一種「業界都知道的明確優勢」**，這代價自然很大，可能換不來業績，卻一定能換來別人無法撼動的信賴感。就是這件事讓公司得以永續經營，不斷擴大領先差距，換來越來越多客戶都指名找你合作，甚至是只和你合作。**這就是當第一名的痛且快，不求賺最多，但求賺長久。**

最好的停損是「反敗為勝」，而非認賠

「妍容，你怎麼那麼厲害，第一次做品牌就成功喔?!」

「妍容，你怎麼可以都不犯錯?」

也許因為這些年在海外拓展品牌的過程相對順利，我常聽到別人這樣稱讚我、問我。事實上，做生意是少輸為勝，沒有人能不犯錯，商場上的成功者絕非從不犯錯，而是他們有辦法在犯錯後反敗為勝。

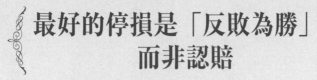

美妝產業其實是一門低門檻，但具高競爭的產業。相比於其他產業，美妝品永遠都有市場，並且不需要投入巨額資金，這就是為何目前有越來越多的產業跨足美妝品；也有越來越多的醫生、明星、造型師前仆後繼的推出自有品牌。

比起同業，我們擁有自己的工廠、實驗室、研發團隊、醫生顧問，在資金上的壓力，又比別人少了許多，這代表我們推出自有品牌是可以高枕無憂的？不，我們一樣要面對來自通路的巨大壓力。

美妝品的市場極為競爭，是紅海中的紅海。消費者精打細算，而且人人都有自己的保養經，在這個市場上，太陽底下已無新鮮事，就算是行之有年的大品牌，推出新產品都不見得能獲得消費者青睞；新的品牌說了再怎麼稀奇的品牌故事，推出什麼珍稀成份，都難以引起消費者興趣。

我也嚐過銷售不如預期的失誤，那是一個在一〇一設櫃的機會。台北一〇一購物中心在五樓設置了一個佔地約二百坪的「文創一〇一專區」，邀請像琉璃工坊、法藍瓷及故宮文創品幾個具代表性的台灣品牌進駐，LANin成為其中唯一的面膜品牌。

從接到邀請，到實際進駐，老實說我們的時間很緊迫，而且在此之前，我們的品牌幾乎只在海外市場上市，如果我們接受了這個邀約，就代表我們立刻要投入大筆資源來成立一個新的部門負責專櫃業務，從專櫃人員、視覺陳列到產品屬性，都要因應這個櫃點重新設定。

可是我怎麼能錯過？當時每天在一〇一進出的觀光消費人潮有數萬人之多，其中又以愛買台灣面膜的中國旅客居多，說什麼我都該把握這次機會！然而接下來的劇情真是出乎我意料。每天有數萬人在這櫃位前來來去去，但賣出的面膜盒數竟然連人潮的百分之一都不到，根本少得可憐！

「你好，這是得過台灣第一品牌獎的優質面膜……」

「哇，聽起來眞棒！」

「那您要不要買幾盒，回去也可以送給同事親友。」

「不要不要，這麼好的東西我自己用就好了。如果要送人，我買那個〇〇日記送人更划算。」

當時為了直接發掘問題及找到答案，我經常來到一〇一專櫃現場親自招呼客人，藉此了解客人的反應。當聽到中國的阿姨大媽們這麼直接的回答，當下真是無言以對。她們說的對極了，如果我是客人，也會這麼想，只是事情還沒做出來之前，我們似乎永遠猜不透客人會怎麼盤算。

中國客買大量的鳳梨酥和面膜，是因為他們想讓更多親友知道自己到台灣來玩，因為有這個龐大的送禮需求，才創造了驚人的市場規模。大量購買的東西，價格必然不能太貴，所以台灣質優價高的品牌，反而在銷售上不見得如此受中國客瘋狂採購般青睞。

中國客當然也會賞識優質品牌，只是買來自用高價的東西，自然就不可能買得太多。我們當時在「文創一〇一專區」推出的蘭英時尚LANin面膜品牌，從品牌故事、包材設計到幹細胞成份皆走高質感精緻路線，一盒訂價上千元，可想而知，中國客即便買了也是拿來「自用」。

進駐後的兩個月，業績僅勉強打平，離原本進駐的業績目標差異甚大，但就在第三個月之後，出現了另一個戲劇性的發展。品牌效益竟不是在專櫃上發生，而是客人買回家以後。

「面膜用了效果特別好，你們在哈爾濱這邊有沒有代理商啊？」

「我們幾個閨密面膜用完了還想買，成都要是沒有代理，那我可以拿一些貨過來當經銷嗎？」

「我是南寧的美容會所要直接拿一〇一面膜，能幫我寄嗎？」

陸陸續續有一些中國客人詢問「這是我用過最好用的101面膜」能否成為我們的經銷代理商，這成為了一〇一櫃點的轉型商機。後來這個商機的華北、華中、華南全區域的延伸發展也再度讓我省思：**設櫃或通路，我們該評估的是一個點的表現，還是一個面的影響力？**

單看這個櫃位的銷售，任誰都會覺得「這也太差了吧」！前面我才和大家談過，做生意如果打平就是賠錢，為了做這門生意所投注的時間、研究等成本已經難以估計，如果還只有差不多打平，那還不如不做。

可是商場上的勝負是瞬息萬變的，當有越來越多的中國客人詢問經銷代理的可能，我便開始著手重新再次定位一〇一設櫃的意義，不再將這裡視為一個銷售點，而是視其為廣告點。我們很快地建立微商客服部門及製作了上頭印有公司QR code的DM及馬上教育訓練專櫃人員，告知每位從我們櫃位經過的客人「歡迎成為一〇一台灣LANin面膜經銷代理商」，歡迎先買來試用再拓展生意，結果竟帶動現場高詢問度及成交率。

「您如果試用過覺得好用，未來可以聯繫我們合作。」

「歡迎大家成爲我們的城市經銷商或區域代理商！」

我親自訓練專櫃人員務必這樣說，後來這個做法真的奏效了！LANin面膜品牌在完全沒有前往中國舉辦任何招商活動的情形下，憑藉著在二〇一一設櫃招商就拓展了將近三百位經銷商，也因為中國微信圈興起「微商經濟」現象，大家在微信圈裡做起面膜生意，很多老闆都在賣台灣第一品牌的LANin面膜。

銷售點的使命是業績，廣告點的使命則是宣傳；如果我對二〇一一櫃點的效益評估只停留在當下作為單一銷售點，因為每天數十盒面膜業績而束手無策，或不符目標預期表現而直接放棄，那就不會有後來在全中國的那幾十萬盒的亮眼成績，以及隨之而來的品牌知名度。

將在一〇一設櫃視為廣告招牌的概念，這盤生意就會變得很有價值。平常一場最基本的國際展會，包含出差的人事、貨運、裝潢、場租等等，動輒要花上近百萬元。假設我們到香港辦展會，單是場租，一個三乘三（公尺）見方的單位租金就要高達二十五萬元，並且只能辦三天。如果把一〇一設櫃視為展位，每天同樣有大批人潮經過，具有類似的宣傳效益，但是同樣的一百萬，一〇一設櫃可以用一個月；國際展位卻只能展三天，哪個選擇更划算，真是高下立判！

一〇一櫃點視為公司的招牌，不斷告訴別人「我們的品牌專櫃就設在一〇一」，不少新客戶就是從這個櫃點的視覺陳列、人員服務素質，以及「能在台灣第一高樓一〇一設櫃」這件事來認識到這個企業具有什麼樣的品質和品牌高度。還有旅行團因此得到一個印象：「在一〇一買到的面膜是你們公司的。」這對於我們整體形象的提升非常有幫助，是無形的附加價值。

當我提出轉換思維，要從爭取銷售（B2C）到轉變為爭取經銷（B2B）時，也有很多公司主管並不認同或者想不通為何要這樣做，「唉呦，我們本來就不會做專櫃生意」、「我們的本業就是接代工業務的啊」這樣的話在當時可說是不絕於耳。雖說及時認賠、踩煞車停損，不能說是錯，但實在太可惜。**也許我就是比一般人多了幾分任性妄為的膽識，只要還有一絲絲機會，就絕對不想放棄。**

有了一○一專櫃這麼特別的經驗值，今年我決定要再挑戰台北信義區貴婦百貨Bellavita設櫃，給自己一個全新的舞台，請大家拭目以待。

遇到困難的時候，認賠出場是一個選項，但最多只能保你此刻全身而退，但未來再遇到困難，你一樣只會放手；而我選擇的是放手一搏，利用攀岩式思維，冷靜地反向思考，找出所有可以再次登頂的可能性，並且放大意料外的價值，積極的尋找任何反敗為勝的蛛絲馬跡。盡全力成為贏家，寧可落下，也不願放手！

chapter

4

檯面下的事，OUT！

我賣的是「真誠＋真實」

提到「電視購物」這個詞，你想到的是講起話來犀利又誇張，全身上下都很有戲的明星級購物台主持人？還是連珠炮似的順口溜，講完還要放拉炮，有如夜市叫賣，熱鬧滾滾的氣氛？

就在購物台百花齊放的當口，我恭逢其盛，投身了那個戰國時代。在競爭激烈的考驗下，最令我自豪的是，電視上的我、職場中的我與真實的我，沒有人前人後的分別，一路走來，公主總是任性的表裡如一。

在電視購物台任職的那些年，我學習到「對著攝影機，要能假設並且回答觀眾有興趣的問題，進而引發觀眾購買慾」的技能，也就是摸索出「銷售價值」這件事的核心。這裡頭包含了最初公司訓練所灌輸給我的概念，也雜揉了我與生俱來的稟賦、人格特質。

「下班的時候好疲倦，一陣冷風吹過，自己都覺得自己淒涼了。」

「這時候披上喀什米爾的披肩，就感覺到自己被陪伴著！」

這可不是和姊妹淘在聊天，而是我在購物台節目現場所講的話。我就輕鬆地坐著，拿起披肩或者圍巾，慢條斯理地對著鏡頭講，而不是站起來，對著麻豆比手畫腳；絕對不連珠炮似地說「這組圍巾外面百貨公司賣一萬元……現在這邊只要三十元……」；更不會在收尾的時候告訴觀眾「打電話囉，0800……」。

當時這種優雅的銷售方式在台灣可說是首開先例，一方面是因為富邦momo台最初購物專家所受到的銷售訓練是來自韓國，講究美感、質感的節目氛圍；一方面是因為富邦的金控背景，主事者看到當時台灣購物台主流的銷售模式後，希望以「理性消費」帶給觀眾眼目一新的感覺，作為momo台的特色。

台灣購物台主流銷售方式所產生的問題，可以透過「鑑賞期」這件事來看。「鑑賞期」就像是個兩面刃，購物專家無所不用其極地刺激觀眾購買，告訴觀眾反正有「鑑賞期」，不用擔心買到不合意的商品，成交量因此一再地創新高；相對的，正因為有這十天鑑賞期，觀眾總是在被催單到貨之後再大量退貨。

打個比方來說，與其做業績一千萬成交量，後來退貨百分之五十％再扣回五百萬；還不如一開始只做紮實的六百萬業績，退貨百分之五扣回只有三十萬，金控公司出身的momo台有著這種務實的考量。我也很相當認同這個考量，希望觀眾是打從心裡喜歡想買所以才買。

看到「理性消費」這四個字，很多人可能以為這種消費充斥著各種數據、比價與分析，也許別人是這麼操作的，可我不是。上述賣披肩的方式就是一例，我訴求一種真實的感性，回歸最真實的使用者感受，分享給觀眾，這和講究數據的銷售有什麼不同？

「在三十歲買下了這顆鑽石，代表著過去三十年人生的積累。」

「一個五萬六萬的包包，用了幾年不免要退流行，但是鑽石永遠不會。」

「不需要等待任何人買給你，女人愛自己，現在就可以。」

「今天買下它就是告訴自己，我們的人生會過得閃耀動人！」

我永遠記得當初怎麼向觀眾介紹鑽石，因為這些話都是我曾給過自己的鼓勵。

三十歲生日那年，我買下了人生第一顆鑽石來鼓舞自己要越活越精彩，我在電視上介紹鑽石，就是分享這種為自己創造里程碑的心情。不過當時的主管多半是來自金控體系的男生，一想到奢侈品，腦中就充斥著各種數據和商品規格，一看到我在攝影機面前講「人生會閃耀動人」這種話，大家簡直要昏倒。

「妍容，不要再講什麼心情了，趕快報商品規格啊！」

「妍容，你還沒講到這顆鑽石外面賣十五萬，今天我們只賣五萬！」

「你要告訴男性觀眾這顆鑽石夠便宜，正好買來送女朋友或老婆！」

每次上現場賣鑽石，我的耳機裡總是傳來主管的各種提醒（和警告），不是我不聽勸，而是我認為「創造客戶需求」才是最重要的，如果觀眾沒有起心動念，就算說了再多的數據、報告，像四C標準、GIA認證等等，也沒有用。相對的，當消費者心動想買，自然會去關注鑽石的相關數據，而這些數據或報告，都可以打成螢幕上的字卡，讓觀眾邊聽邊自行閱讀。

換言之，數據人人會說，並不是數據讓眼前這顆鑽石顯得不同，**我覺得購物專家的功力在於創造一個情境氛圍，讓觀眾和這顆鑽石產生連結，連結才是重要的。**當然更不能提「便宜」二字，便宜的東西引不起真正的購買需求，更無法有購買行為後的滿足感，關鍵在於「價值」。

究竟如何銷售才能讓消費者「理性消費」，可能人人自有主張，但是商場上向來以成敗論英雄，我當時是銷售鑽石第一名的績效冠軍，令很多人驚訝「她這樣居然也能賣」，多虧有此成績，我才能繼續用自己認同的方式賣商品。

不過就在「好神拖」這支傳奇性商品席捲momo台，銷售熱潮一舉打破所有過往momo台過往累積的分析數據後，所有的事都改變了。

當時的搭配廠代用了近似於「夜市叫賣」的武場方式來表現好神拖，一開始我們有點驚訝，都帶著觀望的態度，因為這樣的方式不是公司當初屬意的風格。不過，當品味質感和業績數字有所衝擊，老闆們自然是選擇營業額為重。

確實，站在老闆的角度，一支商品（甚至不是精品，而是家用品）就能為未來安排上市計劃分公司帶來如此驚人的銷售額，甚至讓後來好幾家供應商一連在台北市大安區、信義區買了數間房子，這些鐵錚錚的事實必然會讓老闆反思「該放下過去的堅持了」。

在好神拖後，momo台不再堅持以往的優雅氣質，同事們紛紛開始在現場放拉炮，玩綜藝梗，講順口溜等等，好險我的主線是流行精品和美妝時尚，本來就很難太綜藝或太「夜市」，但是當我也開始被要求大量使用話術如「真的沒貨囉」、「老闆被逼著折扣喔」，我就知道這裡開始不屬於我了。

公司看的是公司產值，個人看的是自我價值，兩者需要取得平衡。公司因為營業額而改弦易轍，放下堅持，改變風格，但我沒有。市場趨勢是一個很大的漩渦，但是人也有選擇不掉進漩渦的權利。我離開購物台的時候還不流行「分眾」這個說法，從自己的銷售成績就能得知，有一類為數不小的消費者相當支持我的銷售方式，這個市場確實存在。

換言之，市場並不是長成同一個樣子，我帶著這種領悟展開下一段職涯探索。從二度赴中國做銷售專案，直到再回台成為亞洲沛妍生醫集團執行長，事實證明我是對的。

在主流之外，市場還有很多空間等待被挖掘、經營。我已經打造出屬於自己的市場了，那麼你的呢？屬於你的市場，會是什麼？

下一單，才是獲利的關鍵

所有的離開都有不得不的理由。對我來說，購物台就是購物台，不是戲劇台。螢光幕前必然會帶有一定程度的表演成分，我能理解；但是如果所有事都是「演的」，那麼我當演員就好了，何苦當個購物專家？

真正的生意不應該是哄演來的，而是基於真正的信任。你既然不會和言而無信的人當朋友，又怎會和騙子做生意呢？

說我任性也罷，或是太過自我也可以，總之，我很難接受睜眼說瞎話。雖然很多人覺得商業的世界就是充斥著謊言，可是我看見的事實是百年老店之所以能成為百年老店，就是因為他們講信用，始終童叟無欺，對產品百分百負責！

大概就是這點執念，讓我在任職購物台末期的那段時間感到非常痛苦。在幕後的商品相關會議中，我越來越常被強烈建議使用許多「話術」。可是我實在沒辦法告訴觀眾「沒貨了」，而事實上明明是有貨的；我也不允許標榜「限量」的商品，兩三週後就出現另一批相似而且更便宜的東西，這讓我怎麼向第一批購買的觀眾交代？

我很重視自己的信用，就算當時只是隸屬於購物台的一員，我還是認為我必須向信任我的觀眾負責。有些人可能會覺得自己只是「配合公司政策而不得不套招演出」，但我覺得那只是一個藉口，當你選擇配合公司政策的同時，也就等於選擇出賣消費者了。

約莫二〇〇七年前後，我離開了購物台，當時台灣的購物台聲勢正壯，毫無頹勢，我並不是等到這產業江河日下了才要離開，而是當時就知道這個產業若繼續這麼做，絕對會越做越辛苦的。

果真，直到現在只要沒有下折扣，或是折扣不夠狠，消費者根本不買單；以前買50ml保養品會送5ml試用品，消費者要打開試用品，不得拆正品，才能辦退貨，可是現在正品也能拆了，廠商只能自行吸收，利潤越來越薄。

在乎信用，與其說因為我清高，不如說我的野心比別人還大。**我從來不想只做眼前這一單**，假如要賣一盒一九八〇元的面膜，我不是只求賺到眼前這一九八〇元，而是要賺到未來的一百九十八萬！為了賣掉第一單，往往要花相當多心力、時間、成本來爭取消費者的「信任」認同，但是利潤會從「下一單」開始出現。

下一單才是獲利的開始，然而缺乏信用，總在喊「狼來了」的牌子，消費者不會上門再買下一單。這就是我在電視購物與美妝產業多年來學習到的心法。不過，

心法這類的事物，在日子太平的時候說來都很容易，唯有遇到了困難，才能真正知道自己到底能信仰得多深。

成為國際美妝品牌執行長後，許多決策都在考驗我從商的中心思想。過年前正是最忙、壓力最大的時候，身為製造廠，當然希望接到大單，讓大家能過個好年；但也正是在這種急切的心理背景下，很多事特別容易出差錯。二〇一七年的年初，我們的客戶就發生了一個問題。

「妍容，我們這邊驗貨，發現很多粉撲都發霉了。」

「很多個是嗎？好的，我們會先回收一批貨來檢查，先找出問題點在哪裡。」

這是一批我們中國上海工廠的氣墊粉餅產品。由於我們是OEM美妝保養品製造廠，問題來自於客戶因為成本考量下所指定購買的低價非抗菌粉撲，低價配件及包材在中國的質量一向堪憂，以至於後來這批做好的氣墊粉餅一交貨，客戶就反應裏頭很多粉撲發霉。從客戶那裡緊急送回來複查的一批貨裡，我偕同直飛上海親驗，雖然拆了一千組都沒看到任何發霉的粉撲，但我們仍與客戶站在同一陣線，決定這批貨全數回收處理。

「妍容，所以是不是要換新粉撲，重新再更換包裝？」

「不，我需要找到問題的根本解決之道，我已經問過全中國前幾大的粉撲廠，沒人敢保證粉撲絕對不會發霉。」

「那我們現在應該怎麼辦？」

「我不願意再做可能會錯的事情，這樣吧，我們別賭了，我做全新升級版的潤色防曬霜給你！」

後來才得知，原來在中國粉撲發霉是稀鬆平常，許多知名品牌亦有此況，品牌商通常只是直接更換粉撲給單一事件消費者解決，而我與客戶討論的卻是「全面回收」。

這一回收替換就是五萬組氣墊粉餅，估計超過五百萬的損失，我當然心很痛，可是要我再做一批沒把握再出錯的新氣墊粉餅也不算是停損，無法真正杜絕不良率就不能算是有效的解決辦法，而且就算這個解決方案是客戶同意的，但要是再出錯，對客戶已經損失商譽及業績無疑都是雪上加霜，更何況客戶的事就是我的事，所以我決定免費送客戶一個新的、我們百分百有自信客戶滿意度高且返單回購力強的商品。

正當客戶憂心的不知如何是好，一聽說我們要做全面升級版的潤色防曬霜給他，立刻大表贊同，同時表示感激！這是當然，我們等於無償為客戶製作一款二〇一七年升級版的商品，從價格、容量到成分都優於舊款，而且同樣是五萬份！

雖然粉撲的問題自始自終都不在我們，這個補償當下看起來對我們公司也太虧了，對嗎？錯！因為客戶的問題就是我們的問題，我告訴所有部門同仁，務必把這五萬份新的防曬霜做到盡善盡美極為好用，那麼在日後就是下一個五萬份，甚至是十萬、二十萬份的長期訂單，**真正的停損價值不是在當下，而是未來。**

這一單的確是虧損，只要生意能夠持續，就還有機會；生意能不能持續，不完全是資本問題，更關鍵的是累積了多少信用，歸根究底，做生意，就像做人一樣。

我一直不會活在當下，現在的當下，下一秒就成為歷史，「決戰千里之外」，**未來才是真正的主戰場，所有的成敗都在時間的推移中積極醞釀。**

訓練自己不看當下的損失，只看未來的獲利。

複雜的是環境，
簡單的是心境

也許因為東方人重視輩分、倫理與和諧；也可能因為媒體環境是複雜的，在我的職場環境裡，多數人偏好的溝通方式是「暗示」、檯面下，大家覺得這樣比較「圓融」、「委婉」，但公主卻是反其道而行。

我認為越是在複雜的、各種上對下關係與利益關係充斥的地方，越該有簡單的心境。在職場這種地方，與其圓融委婉的可能被曲解其意，還不如清楚明白的表達自己。

在任何職場，我都期許自己專注在工作表現上，謹守本分。雖然職場文化裏偶有亂箭掃射，不過，我是絕對不允許自己被暗箭所傷。任職於購物台的那段時間，某次公司辦尾牙，我剛好在攝影棚做ＬＩＶＥ節目而無法出席，事後一直有同事私下問我：

「妍容，Ｃ姐在尾牙上告訴大家說你不做了？」

「她說你一直抱怨這工作好辛苦。」

「可是我看你表現得很好呀，爲什麼不想做了？」

我聽了當場傻住。搜尋我的記憶資料庫，怎麼不記得自己說過這些話？我立刻告訴這位同事：「不，我從來沒有這樣講過」、「我很珍惜這份工作，一點都不想離職！」，在得知這些謠言已盛傳許久，且為聽過的人為數不少後，我當下做了一個決定，盡快找機會表態，越快越好，越多人知道越好。

幾天後，機會來了。那是節目部例行性召開的每月大會，這場會議囊括了所有節目部大小層級的長官及同事將近五十位，每個月開大會，總是把會議室擠得水洩不通。當會議進行到尾聲，節目部副總說：「大家還有沒有待議事情要討論？」我立刻舉手，站起來說：

「臨時動議！」

「我聽到關於自己的傳言，說我抱怨工作辛苦，一直很想離職。」

「在這邊我鄭重告訴大家，我！從沒說過這些話！」

「我喜歡並且珍惜這份工作，並不以爲苦，從沒打算要離職。」

「如果聽到這種謠言，請幫我澄清一下，謝謝大家。」

語畢順便帶出造謠者姓名那一刻，會議室轟然響起一片熱烈掌聲，大家真心為我鼓掌加油。當我從容坐下的那瞬間，也看到好多同事滿臉的驚訝之情，像是難以置信剛剛聽到了什麼。

這就是我，從不害怕直接面對威脅我的任何人事物，別人覺得檯面下的耳語可以傷害我；可以因此形成一個局來困住我，我就偏不讓人如願。

不是只對自己的事情這麼勇敢，我打從骨子裡覺得「沒有人該受到欺壓與不平等的對待」，這大概就是射手座特有無聊的正義感。記得當時有位同事Pony，她的班表經常被排得很亂，有多亂呢？就是那種「根本別想休息睡覺」的班表，比如凌晨三點下班，但五點又得來上早班，這當然太不公平了！

購物台裡很多主持人都有私下找長官改班表的習慣，原因不外乎：為了能睡晚一點、早點下班或是爭取黃金業績時段。我從來不這麼做，總是拿著公司給的班表按表操課，電腦分析主持人的收視表現、業績與商品特性後，歸納出本月我該上哪個時段的班，我就老老實實地上班，從不曾要求更改。

為什麼不改班表？其一，自決定要擔任購物專家後，我就有了「必須二十四小時on call，一整天都有可能是工作時間」的自覺，拿到什麼班表都是工作的一部份；其二，改班表這種事，有人得利就必然有人吃虧，A換了時段，就一定會動到B，換了B又得動到C。所以何必換？己所不欲，勿施於人。

但是Pony當時的班表實在太不合理，我曾私下和另一名同事Lin聊起這件事。

「太誇張了，我一定要在會議上拿出來講，大家來評評理！」

「多事！那又不是你的班表，你已經是黑名單了還不知道嗎？」

「黑名單？」我有點驚訝，但比起追問Lin「黑名單」是什麼，我還是一個勁的想幫Pony。我畢竟是一個受欺壓絕對會反擊的人，因為夠強勢，所以通常別人不太敢找我麻煩，但像Pony凡事默默不吭聲，實在太容易成為犧牲品。

一樣是在節目部每月召開的大會上，我主動舉手喊「臨時動議」，才剛喊就被坐在隔壁的Lin狠狠地踩了一腳，她翻了個白眼，暗示我不要多管閒事，然而我還是自顧自地講了。

「報告：Pony的班表爲何總是被改來改去？」

「凌晨三點才下班，五點又得來上早班，中間這兩小時她能幹嘛？還能睡覺嗎？」

待我劈哩啪啦說完，長官的臉色毫不意外的非常難看，倒是Pony呢？她竟然低下了頭，完全不敢看我，輕輕說了聲：「沒關係啦」，我還沒反應過來，長官也立刻來了句：「她自己都說沒關係了，你還講什麼？」

事實證明，人之所以任人擺布，都是自找的。雖然會議後Pony悄悄對我致謝，說她還是「不敢出頭」，當下我只覺得荒謬，不是當事人的我，都敢冒著被眾人討厭的風險幫她忙了，而她竟然連為自己說話都怕？

在職場上要站出來，的確需要很大的勇氣，至少要有「不怕與人撕破臉」的決心。在大會上澄清謠言那一次，我原已做好準備，要和造謠者當面對質。沒想到，當天的會議時間，她正在做LIVE節目，沒機會聽到我的發言。

接下來直到我離職之前，就再也沒有和她講過任何一句話。記得開完會後的剛好換我LIVE，她大概還不知道發生什麼事，當我在更衣間梳化的時候，她如常地拎著包包走進來，一屁股在我身邊坐下來。

「妍容你等下 on 檔啊？」

「你賣什麼東西？」

「那祝你等下業績大賣喔？」

她自顧自地講著，我不但完全沒吭聲也不搭理，還轉頭和化妝師討論：「今天的眉毛可以再濃一點。」這下子她終於發覺不對勁了，忍不住問了化妝師：「妍容怎麼都不理我？」對方聞言，先翻了個白眼，再把她拉到角落說：「昨天開處會的時候……」、「你私底下講的話，她全部都知道了……」

於是她從此變成我的「空氣」，看不到也摸不著，可以把界線畫得這麼清楚，難道是因為我們本來就不熟？不，我們曾經非常要好的閨密。

曾經為了陪伴獨自一人在醫院動手術的她，晚上十一點下班後非常疲倦的我，一路飛車直奔仁愛醫院探望她；在醫院得知她的男友還沒下班，當下我直接決定要陪她過夜，直到凌晨她的男友出現，我才放心地回家。

假如時光倒流，問問那個「陪她在醫院渡過深夜」的我，大概怎麼也不會相信有一天她會把我當成競爭對手，還編造流言傷害我。「為什麼她要這樣對我？」我苦思了一段時間，後來才想通，她對我做的事，從頭到尾都和「我這個人」沒有關係，她攻擊的是「我的位置」。

人身上有很多標籤，不論自己是否認同，別人經常使用這些標籤來定義你。就像公司基於看重我過去在新聞主播檯和中國演講的經驗，開台把宣傳焦點都放在我身上，以至於開始有人喊我「一姐」，即便我總是推辭說：「整個團隊都很辛苦，大家都是一姐一哥啦。」但是從「一姐」這個標籤稱號出現貼在我身上那刻起，我就莫名的成了許多人的頭號假想敵。

當我終於看懂了這些事情的始末，心理層次也就開始跟著提升，不再深陷被好友中傷的痛苦之中。

職場是個競技場、名利場，就算不惹事不欺負人，但隨著表現獲得矚目，終歸會被想競爭的人盯上、挑事。這和為人是否真誠、是否和善沒有任何關係，所以不需要擔心話挑明了講，「打開天窗說亮話」永遠是最簡單的捷徑。

拐彎抹角、笑裡藏刀的事，我一輩子學不會，也不想學；對得起別人對得起自己就好；我們來到任何一個職場，都不是為了讓別人覺得開心，而是為了成就自己。

下一個十年，我是誰

「擦亮自我招牌」是一句很響亮的話，這個社會鼓勵大家做自己，但如果人人都好好地做自己了，為什麼到頭來各行各業裡真正能給予大家強烈、深刻印象者，仍舊是鳳毛麟角？

「做自己」的困難，不是因為這社會的禁忌和規範太多，而是正好相反，當時代走向了百無禁忌，人必然更無所適從。大家說的都對，我到底該聽誰的？連什麼是「自己」都不確定了，人要怎麼「做自己」？

這些年在成為生醫美妝集團執行長後，偶爾遇到過去職場中的同事。大家都很好奇我是怎麼一步步走到今天這個位子？「你很敢做自己齁」，哈，常聽到老同事這樣說，我覺得這結論實在太精準，但仔細想想，倒也沒那麼簡單。

「很敢」就是一種膽識，**我認為想要在人生舞台上做自己，至少要克服兩件事，其一，避免走上歧途，分心走神**。

以我為例，從青春期開始，我和很多人一樣嘗試過各種工作，大部分的人覺得工作不外是為名為利，或者是兩者兼得，這也無可厚非。可是如果只用這兩種角度來看待工作，其實非常危險。

在擔任平面雜誌模特兒的時期，我一直以為自己不過就是拍拍日式雜誌風格的照片，穿戴一些可愛風、少女風的衣著，幫美妝保養品或服務品牌拍廣告。可是拍著拍著，有一天忽然就被通知要去拍翡翠雜誌的封面。（翡翠雜誌有些類似「壹週刊」，在當時，銷售量極好，非常大一本）

「妍容，你很厲害喔，《翡翠周刊》選你拍封面！」

「《翡翠周刊》?!我不要拍！」

「大家都想上雜誌封面，你竟然說不要，我們都把Model Card發給人家了。」

只要加入了經紀公司，每個模特兒有自己的「Model Card」，好讓經紀公司用來廣發在許多廣告或傳媒單位，方便這些單位挑人。如果是主動被挑選到的模特兒，不僅酬勞相對地優渥，也意味著這是從幾百人裡面脫穎而出的人選，對經紀公司和模特兒來說都是求之不得的機會。

所以當我第一時間就拒絕，經紀公司是很不高興的，他們主動推薦模特兒，媒體也挑好了人選，但模特兒卻說不拍，這難免讓經紀公司老闆面子掛不住。他們覺得我「一個小女孩擺什麼架子」，講起話有點兇，可是即便我當時只是個十幾歲的少女，面對這些威嚇和利誘還是清清楚楚地拒絕了，不要就是不要。

「你們覺得面子重要；覺得機會難得，那都是你們認為，我就是可以不賺這個錢。」合約內容清楚載明我可以自主選擇接或不接工作，《翡翠週刊》以什麼風格聞名，大家都心裡有數。所以就算經紀公司或者朋友們都認為那是名利雙收的機會，在我看來卻是個自毀形象的陷阱。

當時我的自覺就是只拍少女風的照片，絕不拍賣弄風情的東西。還記得那時公司裡有人對我撂話：「你一定會後悔錯過這樣的大好機會」，如今事隔多年，我只有更感謝當年那個小女孩的遠見與堅持，完全不會惋惜這樣的「機會」。想想未來隨時都可能被人拿著那些搔首弄姿的封面照問：「這是你嗎？」「你的身材如何如何……」就算當時會得到十萬百萬的工作酬勞，甚或是變得家喻戶曉的明星，除了say no，還是只有no！

十幾歲的我**雖然還不知道自己未來想走哪條路，對於不認同的事情倒是非常清**

楚，就算社會上大家都認為名和利最重要，現在網路發達，有更多漂亮女孩爭著要當網美，努力爭取拍寫真集等等，這麼多年過去，這些社會存在的價值觀都沒有改變我心中的認同。

和別人不同是一件很容易的事嗎？那得要看看是否能經得住被討厭排擠、被減少機會；也要經得住對自己的懷疑。少女時期當模特兒還只是兼差，被冷凍也就罷了，在我成為購物專家之後，這樣的考驗更沒少過。

為了展現精品線「主持人」該有的貴氣質感，我總是自掏腰包購買各式小禮服、套裝。不完全是為了漂亮，而是要穿得像個專業主持人，然而很多廠商並不這樣想。

「黃總，你們這裙子也太短了吧，我是主持人，不是麻豆。」

「妍容你想太多了啦，漂亮女生就是要這樣穿啊！」

社會是很矛盾的，一直充斥著指責女孩「愛當花瓶」、「沒有實力，腦袋空空」的罵名，但實際上很多人看待漂亮女孩就是只有「花瓶」這種眼光，對很多廠商來說，主持人和麻豆沒有什麼不同，就是「一起站在台上，穿得很辣很少的美女們」？且不談我是否樂意，就活動效果來說，讓攝影機拍到一堆美麗的大腿或者事業線，甚至是走光照，觀眾更記得的是那些照片、美女，還是商品？恐怕前者的宣傳效果更強，那麼廠商花這些錢究竟是為了什麼？

模特兒的功能就是為商品加分，她們的專業在於展現整體的美；購物專家既然領了主持人的酬勞，就該展現控場能力，以及「引導客戶關注商品，乃至於使他們樂於購買」的功力，這兩者的功能分野是很清楚的，至少對我來說是如此。

我就是一名專業主持人，穿得暴露，只會減損主持這個位置該展現的效果。裸露不是主持人的本分，所以如果遇到廠商、公關公司對主持人這個角色不夠尊重，提供的服裝，或是對服裝的要求讓我覺得只是「為了清涼而清涼」，「為了搏版面」，那麼我就寧可不接。

有所為有所不為，清楚知道自己角色的分野，如果什麼錢都想賺，什麼機會都要得到，沒有取捨的結果就是讓自己面目模糊，走上岔路，那肯定不是我要的人生。

懂取捨已經不容易，擇定了一條路之後，也不是順著走就一定能步上坦途。**樹立自我要克服的第二件事就是必須夠堅持，也要堅持得夠久。**

就像那一句俗話：「戲棚站久，就是你的」，這話有對也有不對，**找到一個想待的戲棚，也不能傻站著；如今的「戲棚」未必指同一間公司，相同「領域」可能更符合現實。**

經歷了什麼都嘗試過的階段，從決定擔任購物台主持人那刻起，我就知道美妝產業不僅會是自己永遠的興趣，也很可能是我一生的事業。就算後來我離職去了北京、上海跟紐約，甚至東協，轉換了不同的舞台，從電視購物、原廠合作，自有品牌，看似跨域了好幾個地區和平台，卻都仍在「美妝保養品」這個產業裡。

「我看你做保養品一做就是這麼多年。」

「我發現每當我有保養品上市、宣傳種種需求的時候，怎麼想都只能想到你。」

這些年經常有客戶這麼告訴我，和我差不多同一時期進入美妝領域的「同學們」，有些人離職後就轉換了跑道，開起服裝店或者是餐飲業；或者一出國就不再碰美妝品，可是大家看到我轉換了這麼多地方和平台，卻也都還是在經營美妝保養品。

我不僅沒離開過，還因為勇於在這個產業裡接受新的刺激，歷練不同的位子，所以可以把事業的層次拉得越來越高。**當不論遠近親疏，越來越多人需要「美妝保養專家」時都找上門，這就代表你真的已經成為一個品牌了**，就像很多團隊、企業家常對我說的：

「某某某告訴我，妍容做保養品超久的！」

「他們說對美妝產業的問題，找妍容就對了！」

耕耘了多久，才能給別人這種印象？低標起碼超過十年，要成為一個特定領域裡大家忘不掉的名字，沒有長跑十年是不可能的。覺得辛苦嗎？對我來說，十年磨一劍非常合理，不經歲月和血汗洗禮，寶劍怎麼可能鋒利？人前顯貴，人後受罪，這個世界是很公平的。

每個人都有好多個十年，問問自己：下一個十年，我是誰？

別讓美麗成為人生絆腳石

我的臉書上有一句話：美麗是天生的，漂亮則是公平競爭的代名詞！

「被視爲花瓶」不是當了主持人之後才有的待遇，作爲一個女人，從出社會開始就必然要面臨到關於美麗的，似是而非的種種誘惑與陷阱。

一開始，大家並不會意識到作爲花瓶的「苦處」。花瓶這種標籤往往裹著糖衣，令人著迷於短暫的好處，急著享受，而刻意遺忘它的本質是歧視與不尊重；遺忘了當花瓶所要付出的代價。

「我認識很多像你這個年紀的漂亮女生，她們都不用工作了耶，人家都過得很好啊！」

「你一個小女生，東奔西跑能賺多少錢？」

「跟對老闆很重要的，每個月都給你十幾萬，上班時間還彈性自由！」

打從我當模特兒開始，這類的話從沒少聽過。

對於一個女人來說，**到底怎樣才算是自由？答案見仁見智，但「受限他人」肯定不是我想要的自由。**

當我隨著所屬單位舉辦巡迴講座，走遍了中國大江南北，在每個候機室、貴賓室與講座場合，周邊的群眾、聽眾十有八九是男性主管，很多人看著我一個小女孩，都覺得「找個有錢男人倚靠」應該才是我的正途。有些人透過助理秘書來提點我，更有些「老闆」自己主動表態，面對這些暗示、明示，我從此貼上「拒絕往來」的標籤。

更讓我覺得無奈的是，為數不少的女人自己也糊塗，居然也勸我「何必這麼認真工作？」但是，我不覺得這樣不好，**對我來說，把自己的未來寄託在別人身上，試圖當個蒙蔽自己的金絲雀，那才真的辛苦。**

「○○○剛失戀，今晚要一起去喝酒。」

「妍容你要不要一起來？我幫你介紹認識一下！」

台北政治圈最有名的富二代公子在失戀後去酒吧的聚會，這消息一傳出來，當時職場裡的辦公室（我就不明說是哪一段職涯了）甚為轟動，好多女生都躍躍欲試，但我只覺得這真是蔚為「奇觀」！早就是二十一世紀了，大家還流行「選妃」這一套嗎？面對同事的邀約，我立刻回絕，更精準地來說，我覺得目的性這麼強烈的聚會，實在是令人覺得不舒服。

刻意去攀附，貌似是一種自抬身價，可是實際上**當人一動念要去攀附誰，不就是一種自貶嗎？連自己都瞧不起自己，怎麼能得到自在、自由？**

很多人聽到「月入數十萬元」、「陪老闆出差，幫他處理私事，不用打卡」的生活就覺得這樣很優渥，很「自由」，但是金絲雀當久了，就會失去飛翔的能力。別人在積極成長的時候，你卻在仰人鼻息，一旦習慣了，就更走不出那座籠子，然而永遠都會有更年輕貌美的金絲雀可以取代你。

職場外尚且如此，職場內也很難避免。陳董，是我的某次職場生涯中，公司的大股東之一，也是許多主管想巴結的人。愛唱歌的陳董經常邀約同事們下班後去唱歌，這邀約介於一個模糊地帶，總會有人在茶水間喊「等下三點在下面○○○包廂見喔」，聽起來像是自由參加，但像我這樣一下班就立馬閃人，還是免不了聽到長官們的警告：「你不要下班就跑這麼快」，「陳董在下面唱歌，你連一首歌都不去，太不給面子了。」

警告聽久了，終於有一天我還是被「逮」到了。

「妍容，我陪你去包廂打個招呼，不要這樣不懂事。」

「今天是陳董生日，你至少要和他講聲生日快樂，這是禮貌。」

下班的那一刻，主管攔住我，親自把我帶到樓下KTV的包廂。包廂的門一打開，當下畫面真是嚇死我了：我認識的一些女性同事，很多人就直接坐在老闆或董事們的大腿上。

那一幕對我來說極為震撼，當下腦袋裡一陣大混亂，很直接的一個念頭是：快跑！說白一點，那看來根本就是電影裡的酒店畫面。我直接大喊一聲：「陳董生日快樂！」，想交差了事就快閃，不料陳董身旁突然就出現了一個空位，也不知道是誰推了幾把，我非常狼狽地跌坐進去。已經不記得當初編了什麼藉口，大概就是「我爸或我媽今天也過生日」之類的事，匆匆忙忙地站起身，給大家一個鞠躬，逃命似地就轉身離開那只待了三分鐘的恐怖包廂，頭也不回地走了。

「如果還要陪唱歌，陪喝酒，那還不如一開始就去當酒店小姐，何必要辛辛苦苦工作？」回家的路上，我反覆想著，那幾位眼熟的女性工作人員，陪酒究竟是為了什麼？希望有更多的工作機會？賺更多錢？

放棄原本工作的尊嚴，只值這些嗎？

至今，我都還想不出這些女孩到底怎麼算這本帳，各行各業都有很傑出的女性，不需要陪唱歌，坐大腿，還是可以表現出色。即便是在生態複雜的演藝圈，也有像林依晨這樣專注、忘情於戲劇的傑出女性，她不需要鬧緋聞，不需要嫁豪門，照樣成為當紅女藝人。

在我屢屢逃開、拒絕這些莫名邀約的時候，當然也有人認為我自命清高，但如果拒絕這些，就等於「清高」，這清高的標準也太低了。我的想法很簡單，一來無法忍受未來的某一天，別人評價我的成功是來自「坐別人的大腿」、「上了某某的車」；二來，不用別人評論我，是不是行得正？自己哪裡會不知道。

【美麗】引來的青睞經常夾帶許多陷阱，別人給予的資源經常只是看著這張表面皮相而來，而不是認同內在的你。

美麗是一匹野馬，可以讓你跑得比別人更快，可是如果不能擁有更高超的判斷力，不懂得駕馭；不能躲過野性帶來的凶險，這匹野馬也可能讓你跌個粉身碎骨。

比起美麗，認同自己更為重要。

chapter

5

打開門，讓世界進入你的眼底

做個先行者，才能看到真實的風景

西元一九九九年。

「北京，是北大荒嗎？」

「越南？不是聽說很窮嗎？」

前往中國和越南算是我的海外經驗最為戲劇化的兩段經歷，去的時候這兩地都還未「富起來」，都被周遭友人看衰；但是日後的發展卻最令人驚嘆。

公主從來沒有未卜先知的能力，能夠比別人早一步進入市場，說穿了，就是因為任性敢冒險，比多數人更敢當個先行者。

「你要去北京?!」
「是要去吃香蕉皮嗎?」

當年第一次到北京工作前，友人們不以為然的評價，現在想起來頗為意思，如果當年我和這些朋友一樣，把職場的安逸、優渥的薪水看得比遠方的冒險還重，如今我就無法享受身為先行者的快樂了。

當年離開主播檯去創業，半年後結束生意時，身邊的朋友都勸我「回電視台吧」。當時的有線電視台們正在招募年輕的主播，圈內的學長姊、就同事們都覺得我既已有播報經驗，無疑正是當時各新聞台最歡迎的潛力人才。但是我卻做了個出人意表的決定：前往北京。

有位大學教授當時已和中國生產力談好了專案合作，要到中國各個製造業重鎮城市去舉辦講座，介紹台灣品牌的發展歷程，這些巡迴講座需要一個固定的主持人擔任引言工作，教授認為我非常適合，我也覺得心嚮往之。

我嚮往什麼？一個截然不同的環境。

不是電視台、新聞圈，也不是台灣。品牌講座、北京與中國，對我來說是全然的陌生，雖然連北京距離台北有多遠？長什麼樣子？我都毫無概念，但我要的就是這種陌生。除了陌生的生活環境，我對品牌也非常一知半解，但是講座上請到的講師都學有專精，講座一辦就是巡迴中國一整年，我有的是時間可以一邊工作，一邊學習講座中聽到的新知，聽不懂，還可以就近請教講師。

到國外一邊工作還可以一邊學習，還有人付我薪水，這是多麼好的機會！我沒有理由不去。當時很多人覺得北京窮，中國窮，其實他們說得沒錯，而且相比之下，當年留在台灣新聞圈所得到的薪水，也遠比去中國辦巡迴講座還要多，難道我真有一雙可以透視未來的眼睛，可以預見不久之後，中國富起來的速度和程度會震動世界？

當然我什麼也無法預知，最明確的只有當下急欲求變的心情。我只知道再不遠遠地離開，就會身陷一攤死水，每天過重複的日子。再者，這種到陌生環境闖蕩的生活，不趁著年輕力壯的時候去，再長一點，我也怕自己心老了，就不敢冒險了。

於是我便求仁得仁，在正要富起來的中國過上了整整一年。我永遠都記得光是安頓住處，就發生了不少趣事。主辦單位說要帶我去宿舍，結果房門一開，哇，一眼望去五十坪的空間，看來無比寬廣，因為「沒有任何家具」！

「這就是你的宿舍。」

「買家具，接網路，您就自個兒處理唄！」

負責「接待」我的大叔丟下兩句話後就迅速地閃人了，「好吧，自個兒處理就自個兒處理。」我捲起袖子打理了起來，自己跑到地方單位去申辦網路線、電話線；再叫車，一路開到家具行去買家具，然後又生生地硬是搭上家具行的拖板車，和我買的書桌、床鋪，一起顛簸的被拖回家。

在一個網路線還沒裝好的夜裡，既無電視也無網路，實在太無聊。我起身走到距離社區幾百公尺外的網咖，把心一橫「今夜乾脆包通宵吧」，沒想到我忘了中國的公共場所是不禁菸的，越到深夜，網咖裡越是煙霧瀰漫，一直不抽菸的我被燻得頭暈腦脹，猛然一個起身準備離開。

一起身才看到牆上時鐘指著午夜兩點，走到網咖外，門外正下著滂沱大雨，道路兩旁沒有路燈，看似是走不出去了。然而一轉頭，身後的網咖已經「伸手不見五指」，煙霧濃到讓我覺得「闖進去只會被毒死！」進退維谷之下，不知從哪升起的一股豪情，我竟然火速拉起外套的拉鍊，直接衝進大雨裡，一路狂奔回宿舍。

「趴踏！趴踏！趴踏！」直到現在我還記得大雨中，憑藉著微弱的月光在泥巴地上狂奔的聲音，每一步都陷進去，一邊用力跑，一邊又怕跌倒，跑起來特別費力。

而且四下無人，我一個女孩子在夜裡狂奔，現在想起來才覺得害怕，那是非常漫長的十來分鐘，終於跑進社區，進到宿舍的那一刻，我覺得自己真是狼狽透頂啊！

我曾經居住過那樣的中國，真是很珍貴的經驗。事隔幾年，當我對東南亞市場深感興趣，第一站決定前往越南胡志明市瞧瞧，毫不意外地，我又聽到了相似的閒言閒語。

「中國市場不是做得好好的嗎？為何花時間去越南？」

「越南不是很窮嗎？」

再次聽到這種聲音，我已經可以會心一笑了，甚至覺得「我去對了」！就是要去一個大家非常不熟悉的市場，這裡頭才會有機會，一個市場如果已經大致耕耘完畢，到了那時候再進去，那些風景都和我們沒什麼關係了。

時至今日，越南城市裡的上班族的平均所得依舊不高，幾年前我初次造訪胡志明市的時候當然更是如此，可是我觀察到比「人均所得」更重要的現象。

抵達的第一天，當我和伙伴們開完會，吃過晚餐，便想要在市區散散步。每到一個城市，即便是商務出差，我也會去看看他們的商業區，觀察商業狀態。就在胡志明市的第一郡，充滿了各式各樣的咖啡廳，在非假日的深夜十一點，這條街依舊人聲鼎沸，我走進其中一家咖啡館，居然找不到座位！

不是只有咖啡館裡，館外的階梯、騎樓，人和停在路邊的摩托車把這些空間塞得好滿好滿！一群二十幾歲的年輕人，不睡覺也不回家，就在街上喝飲料聊天。「真是好有活力的城市！」看著那條街的深夜盛況，我覺得好驚訝。

這個觀察無疑是我的一劑強心針，我知道美妝品進軍越南市場是有機會的。因為雖然他們所得不高，但是年輕人願意花錢。

做生意不是擔心客人口袋不深，而是擔心客人不消費。越南人口多，年輕人比重也多，社會還沒像其他東亞國家逐漸步入高齡化，更重要的是年輕人敢花錢。「在市區喝杯咖啡」對越南年輕人來說仍是有負擔的消費，但因為被法國殖民過，喝咖啡的浪漫因子深植在越南的城市文化裡，養成了他們的消費習慣。

「昨晚街上人這麼多，是特例嗎？」

「不，市區裡面經常是這樣。」

「你們難道不覺得咖啡館裡的飲料有點貴？」

「如果賣的是我們喜歡的東西，我們就願意買」

隔天向越南當地朋友請教過後，更證實了我的猜想，越南都市裡的中產階級正在形成，他們想要追求更好的生活品質。平均收入雖不高，但消費意願很高，看在我眼裡，這就是一個很有潛力的市場！

不論去中國，或是去越南，我都得到很重要的第一手觀察，不靠報章雜誌的描述，也不是聽旁人繪聲繪影的想像，而是真切的買一張機票直接前往去看去聽去感受。如果不是那年大膽地當個先行者，我就無法對這些地方有獨到的觀察，一時的薪水倒退，如今想想根本不算什麼？**膽識成就知識，走出去的世界才是未來。**

遇強，你才能變得更強

進入職場一段時間後，隨著經驗日漸老道，不管去到哪間公司，都會覺得「太陽底下沒有新鮮事」，日子開始一成不變了起來。

對別人來說，這種安穩、安逸的感覺也許很好，但對我來說，這卻意味著一種警訊，代表「我不再成長了」。該怎麼辦？

公主任性地選擇革自己的命，出國念書，讓自己重新安裝再升級一次。

職場征戰一段時間之後，很想在另一個全新的戰場增加新的戰鬥經驗值，這回，我找到的新戰場在New York。

是的，你沒聽錯，就是紐約。而且不是去工作，我是去念書。紐約市立大學商學院所開辦的碩士學程，主修行銷管理，這就是我的新戰場，可與全班來自超過十種國籍的同學共同相處學習不同國家的品牌營造及行銷策略，美國已是多元化國度，紐約更是人文薈萃之地，來到這裡真的每天都是一場新的戰爭。

多數人認為出國拿學位必須經過長時間的縝密規劃，而我劍及履及，思想之所及、行動之所及的立刻報名應試，幸運的趕上了秋季的開學日，機票一確定，馬上開展了一段幾乎完全沒準備的紐約任性大冒險。

「什麼！完全沒準備？」

當然要沒準備才能不斷有驚喜，才是公主要的大冒險啊，如果總是等到「準備好了」才能出國，這個世界又不一樣了，所以，相信我！永遠都不會有「準備好了」的那一天。世界充滿驚喜，所以我總是建議好友們，出發吧！在你任何想出發的那一刻，毫不猶豫的任性一次，你會發覺出國重新背起書包絕對是消除職場倦怠的最好方式！

我在紐約的那段日子就像是一場大冒險中的闖關遊戲，從生活、語言、觀念、課堂、功課、分組討論等等，無一不是關卡，每件事都得重新調整方向，苦中作樂。其中獲益最大的，莫過於分組討論，那曾是最令我難熬的部分。

隨口聊聊的討論，真的很輕鬆；但是「事無巨細，都得多方言詞交鋒」的討論，就是一件難事。暫且不提討論的深度，光是在態度上要做到「言詞交鋒」，對於台灣人來說，就是困難的。

在台灣，大家討論起事情比較溫和客氣（網路上為另一個世界，在此泛指真實生活），就算真想批評別人，話說出口總會變得迂迴，比如：「我認為你講得不錯，如果再加一點什麼就會更好了」。但是在國外，大家溝通起來都是直接了當，每當我報告結束，同學們表達意見時總會直說：「妍容我認為你說的不對」、「妍容我不認同你講的」。

剛開始我超級難難適應這樣一針見血的言詞，因為那些報告都是我們小組成員花多少時間在約市立圖書館翻遍書籍去查閱、去整合資料所做出來的報告；我的口語表達也經過學校及電視台的專業訓練，為什麼同學聽了總是劈頭就直說不行、不好、不可以！時間久了，聽得多了，開始自然而然適應這種「單刀直入」的犀利作戰氛圍，因為這是一種「攻防」，不斷的挑戰發言者也同時被挑戰，可以主觀地說出不同的看法意見，重點不在評論，而是找出發言者的言詞脈絡，與之交鋒。

我們課堂上的同學都是來自世界各地的商界菁英，每個人小組報告皆全力以赴，可以想見，當一群聰明人想要找出你話裡的毛病時，那種景況有多麼令人崩潰。而我不是特例，所有人的發言與論點，都會立刻受到其他人的挑戰。

「Jolin Tsai（蔡依林）是來自台灣，土生土長的偶像歌手，但是她的音樂和表演已讓她具備成爲國際巨星的水準！」

「是嗎？可是我認爲Jolin Tsai之前的造型完全拷貝自安室奈美惠，那不是她的原創。」

「Jolin Tsai的演唱會舞台設計有一定程度是取經自瑪丹娜！」

同學們批評蔡依林不具備真正的原創性，但我也立刻反駁「造型是一種視覺語彙、流行元素，並不是使用了這些元素就等於沒創意」、「單點元素的運用，化為自己形象的符號」、「時至今日蔡依林的髮妝造型出脫的像是與她同生一樣貼切」，光是一個蔡依林，就是一堂精采的品牌課，表面上看來我們誰也不同意誰，但一堂課過後，大家對「流行音樂天后的品牌力思維」都大幅地提升，這就是激烈討論的意義。

當然也有少數同學言詞鋒利到充滿強烈的攻擊性，任誰都受不了。來自新加坡的Jenifer，極度好強，對什麼事情都急著表現出「不想輸」的樣子，同時還伴隨著對他人的蔑視，總之在任何情況下，她都要是那個「看起來、聽起來最厲害的人」。也許因為我也是個好強，主觀意識高的人，所以和她特別不對頭。

「台灣的品牌說到底都只是模仿別人而已，根本創意不足。」

「所有的創新都從模仿開始，然後才能走出自己的風格。」

「新加坡是已開發進步國家，我們的品牌都是原創風格！」

「台灣的特色是擅長融合多種元素再賦予新的生命……」

「因爲你們以前就是日本殖民地啊！」

從品牌創意一路吵到國家文化根源，我只能說Jenifer很有激怒人的本事，她有一種「我就是新加坡人」的天生優越感，自詡為亞洲強國人民，以此為出發點來看待其他的國家的同學，連中國同學都沒有像她這麼「跩」。她說話嗆辣，在美國這個多種族國家，語帶輕視地挖出別民族的文化根源，是一種沒有禮貌的言論。看看每一次美國大選辯論，哪個候選人敢直接表態嘲諷任何一個族群的過去？

平常我也是個和平主義者，他人待我好，我也會以禮相待之，但是這不表示我畏戰怕事。既然有人開了槍，那就不是當假的了。（就說我來練新的戰鬥經驗值吧）

「台灣是個島國，但是我們有自己的發電廠、水庫，造就了台灣的製造業、畜牧業基礎。」

「在這個基礎下，台灣足以發展出自有品牌，反觀新加坡，水和電至今都有一定的比例要仰仗馬來西亞。」

「就連門檻低的美妝產業，新加坡都只能擔任包裝廠而非製造廠，比起台灣，更沒有發展品牌的條件。」

理直氣壯的講完後，我還故意瞥了Jenifer一眼，用眼神告訴她：「你還有什麼要補充的」，看到她脹紅臉急著起身發言的樣子，我覺得實在太有趣了，這一局I WIN。Jenifer習慣措辭激烈的抨擊每個人的意見，下課後也不例外，時日一久，同學們都自動躲開，避免與她正面衝突，但我非但不躲，**每一次都更強烈的正面回擊，這才是雅典娜的大冒險精神**，在這種一觸即發的火爆氣氛下，全班同學跟老師都知道我和她特別不對盤。

我們的火藥味濃烈到我一直認為會和她老死不相往來了吧。殊不知，人世中真有一種「不打不相識」的緣分。某一天當我從學校圖書館走出來，突然看到坐在館外長椅上的她，那真不是我認識的Jenifer。她平日裡就像個耀眼的太陽，總是頂著完美無瑕的濃妝亮麗現身，但是那一天，她卻失去了所有色彩般地坐在椅子上發呆，不少同班同學從她身旁經過，卻沒人去打聲招呼。

「Hi，Jenifer你還好嗎？」

「哦……是你啊……我不好，我分手了。」

她說出「分手」這二個字，我心裡猛然一驚「原來這麼倨傲的人也會有感情困擾啊」，其實我這人就是吃軟不吃硬而且正義感十足，再怎麼不喜歡的人，看到對方一臉落寞，就是會不自覺的想要給予關心。一番深談之後，除了她的感情問題之外，我突然發覺好像重新認識到一個全新的Jenifer，雖說愛情習題最是無解，尤其是對於孤身在異地的學子來說更為難熬，但是當碰到一個願意用心傾聽且真心誠意地讓人感動，那一刻，我們開始把彼此當作是朋友。

如果以為故事發展至此可完美結束，那可就錯了，我們像是兩個久別重逢的仇家，坦然說出心中對於對方的不滿。

「妍容，我是不會向你道歉的，我覺得我在課堂上說的那些話都是沒有錯的，而且你不覺得因爲我，才讓你對品牌與行銷的理解加深了許多層面。」

「我認同『你的批評幫助我更深入地理解品牌』，但是我還是很討厭你，哈哈哈！」

「我知道就像我也不喜歡你一樣，哈哈哈！」

說出真心話後，兩人的心中都特別舒坦，但私交歸私交，課堂上該打的仗還是誰也不讓誰的針鋒相對、激烈廝殺。

突然懂了，如果沒有Jenifer，我就沒有戰場，我來，不就是學這個的嗎？如

果同學們都很鄉愿，怕得罪人而不給予真正的批評，不反對、不挑戰、不批評，我就學不到這麼多看事情的角度。正是因為同學們的激烈挑戰，才促使我更加用功的整合資料，用不同國籍的想法去思酌行銷與品牌的不同價值，更仔聆聽同學的評判，才能想出更多論點來回擊。

遇強，我絕對變得更強，來紐約這一趟，我還和最討厭的強者成為了好朋友，這是求不來的緣分。當你必須過上一種激發潛能才能生存的日子，雖然生不如死，請試著把眼光再放遠放長，這段**新戰場的意義絕對不只是求生存，而是為了蛻變出更強大的自己！**

為了世界而改變自己，不是一種沉淪

「你都在中國做生意啊？很好賺齁！」

「你怎麼受得了和中國人打交道？他們經常說一套做一套，不是嗎？」

當我和友人聊到中國生意經，總會聽到這兩種聲音，要不是以為中國人傻，生意很好做；就是以為中國人往往做事沒章法，所以和他們合作很難。

我覺得這兩種想像都不切實際，去任何一個陌生市場，都必須學習適應，所以不可能輕鬆；卻也不能說特別艱難，入境隨俗，這不是剛好而已嗎？

「事前講的，和實際發生的根本是兩回事，你不覺得每次都被中國人放鴿子？」

小晉激動地說著，她是我的老朋友，長年在日本工作。每次與她聊我在中國工作的經驗談，她總是覺得我「非常不可思議」。小晉並不是毫無中國經驗，相反地，就是因為她也曾在中國工作過，才對於我竟能「走遍大江南北而樂在其中」感到不解。

她對中國的批評不無道理。就算事前雙方已確認過所有細節，一個案子實際執行起來總是落差很大，這就是在中國工作、與人合作的常態。不只是充滿變數而已，那些變動實際上是差之千里的劇變！對於早已習慣規律嚴謹，一板一眼作風的小晉來說，初次嘗試轉換跑道，到中國任職的那些日子，實在是難以言喻，光是應付每天的突發狀況就夠了，根本談不上具體進展，最後小晉只待不到一個月就決定辭職，火速回到日本老東家。

實在太可惜了，我一直認為小晉放棄得太早。

想要賺陌生環境的錢，一定要能為了環境而某種程度地改變自己。看清楚了喔，我說的是「某種程度地改變自己」而不是泯滅自己；前者是因應環境去調整展現自己的方式，後者則是讓自己沉沒在大環境裡。這兩者是截然不同的。

在我結束了台灣的購物台生涯後，我在中國接到很多專案工作，都得發揮過去在新聞台及購物台的LIVE經驗。

某次有單位邀請我到北京為二十幾位「有經驗的購物專家」上課，可想而知，既然學員早就是「購物專家」，他們一定早就掌握許多基礎，包括該如何找賣點；如何在三十至四十分鐘的銷售時間裡安排銷售節奏等基本知識，所以我準備了豐富的教案、實戰故事，想要幫這些已有實戰經驗的購物專家們再往上提昇銷售境界。

我希望可以讓他們在既有的認知和經驗上更精進，比如從十大賣點濃縮為三個重點，甚至精煉成一個強力主打的焦點。當天我充滿期待地來到課堂上，按照往例自我介紹是「來自台灣MOMO台的第一任的時尚精品線購物專家」後，因為迫不及待想認識學員們，便直接說：「大家在電視上賣過什麼？怎麼賣？」「大家各自分享一下特別的銷售經驗吧」，我以為大家會爭相發表意見，沒想到台下一片鴉雀無聲，學員們眼睛睜得老大，還用那種「懵懂」的眼神彼此「你看我，我看你」。我心想「他們應該是不可能害羞的啊？」於是乾脆點名，請同學直接回答：

「老師，我還沒有在電視上賣過東西。」

「我賣過房地產，要分享這個經驗？」

「就是知道老師很有經驗，所以我可以從頭開始學習。」

被點名的同學滔滔不絕地講，我心中暗叫不妙，趕緊問大家：「其他人呢？」

「其他人當了幾年購物專家？」

「沒有。」

「我們都不是購物專家。」

「我們是未來的購物專家。」

「未來的！購物專家？」這句話頓時敲昏我的腦袋。

表面上不動聲色，但各種內心戲正在我的小宇宙裡爆棚上演。

「哇眞幽默，所以！你們根本是零經驗？」

「所以我備課的教案是備假的……」

「當初那個接洽窗口呢？人在哪？」

「你們賣過地產，賣過車子，賣過衣服美妝品，就是沒當過購物專家，根本是雜牌軍！」

聽著台下學員此起彼落地說著以前當過專櫃小姐、地產仲介、汽車銷售員等等，那一刻「崩潰」二字尚不足以形容我的心境。說穿了，這群雜牌軍連幾台攝影機一起動時該盯哪一台、怎麼聽耳機裡導播的指示、怎麼在鏡頭前走位等「攝影棚ABC」都不懂，而我絞盡腦汁，費盡心思編輯的那些專業教案一點也派不上用場。所以呢？後來的結局是我告訴大家：「很抱歉，因為我今天課程是教導資深購物專家，所以這堂課無法繼續」？

當然不是，這時候就是「職業」與「專業」的分水嶺，新聞台裡的主播天天都得LIVE播報，哪個人沒有嚐過一點點的糗和囧？但我們看過哪個主播可以從播報台落荒而逃，說不好意思我不播了？專業如我就是要正面應戰。

「OK！我了解了。」

「同學們，我們來上課吧。」

把內心戲往肚子裡吞，我給了大家一個優雅淡定的微笑，心中任性地想難不倒我的，然後開始上課。沒有學員知道剛剛數秒之間我的內心戲有多精彩曲折，他們不遠千里而來，對這堂課充滿期待，我就必定要讓他們滿載而歸！

這就是我的LIVE精神！不能NG也不可能重來，鏡頭一開啟，就要順利地一鏡到底，什麼意外都攔不住我。不覺得驚險嗎？這件事當然是驚險的，足以讓人害怕。我為自己也為邀請單位都感到慶幸。具備高階知識的人臨危受命為初階班上課，雖然稍嫌倉促，但專業度沒有問題；如果倒過來，當初對方找只有一、二年資歷的講師來教十年以上經驗的學員，讓資淺的人來教資深的，這場面該有多難收拾？

「如果我是你，要是課堂裡有零經驗的同學，我就會請他出去。」

「不是這個級數，聽這堂課根本沒有幫助，他們的程度還會拖累其他同學。」

和小晉一聊起這件事，她總會義憤填膺地這麼說。她說的其實都沒有錯，可是為什麼我不退？資訊傳遞的能力有待改進，那是對方的問題，可是我不用糾結在對方的問題上，犯不著為別人的錯誤而捨棄這塊市場上的所有可能和機會。我不但不能受到影響，還要用能力調整繼續往前走！

我太喜歡挑戰和新鮮感了，那些意外和變數對我來說根本是生命的彩蛋，我知道自己總有辦法可以搞定一切。假設同樣都會抵達目的地，很多人喜歡選擇已知的、有章法的路；但我偏偏要選擇有很多未知數，毫無章法且最好是沒人走過的那些荒漠荊棘，因為這樣才能看見不同的風景，抵達終點的時候才有不同的樂趣！

坐雲霄飛車是好玩還是狼狽，往往就在一念之間。以我的例子來說，當下一定會覺得先前的備課根本白忙一場，可是把時間拉長來看，這一趟上課我就同時擁有了兩種授課能力，後來又有人找我去為基礎程度學員上課時，我早已練就滿身功夫，不管台下是資淺還是資深學員，通通可以一網打盡。

還順便鍛鍊了超級應變能力。應變就像心靈的某種肌肉，不鍛鍊就不成長，越鍛鍊就越強韌，經年累月地應對各種變數，等於不斷累積處變不驚的本事。現在的我，早養成了「一個計劃同時準備好幾套劇本」的工作習慣，就算最後這些劇本通通沒有派上用場，那又是另外一個優雅淡定微笑的開始。

凡事都是兩面刃，有些功力是在既定軌道上鍛鍊不出來的，就算是混亂，就算是變數，請全力以赴地對付它，它一定會為我們蓄積出未來不思議的能量。

懂得接地氣，才有高人氣

「分眾市場」這個概念夯了不知多少年，商業雜誌三不五時都在談，大家彷彿也略懂。「做生意要有針對性」、「針對你的客群提供他們想要的東西」這麼簡單明瞭，誰不懂？

但眞的有人不懂，特別是要付諸行動的時候。想要進軍海外，絕對不是產品好、錢多就可以，如果根本不懂當地生活的滋味，你的品牌、你的商品和訴求，要怎麼接地氣？

「羨慕你已經到越南做生意了，我也好想去。」

「你也對越南有興趣嗎？去過幾次了？」

「從來沒去過……」

「……那你還是先去去當地看看吧，最好能住上一段時間，再來思考要不要做生意。」

自從幾年前我和我的團隊開始前往東協市場，也做出一點成績之後，總會有人問起東南亞市場的種種，說很想試試看，但其中的很多人，就連自己感興趣的市場都沒實地到訪過。這聽來很誇張對嗎？可是事實就是如此，很多人對於夢想、目標，只停在光說不練的程度。

我並不是要大家去了就得展開創業、做生意等等，但是至少得邁開腳步先去感受當地的生活，最好是能住上一段日子，對於當地的「民情」才會有真正深刻的觀察，日後不論是要與當地人合作，或在當地創業，才能創造出到位的、符合在地市場需求的東西。

就算是像中國與我們有共同文化淵源，加上語言相通的市場，我也一定會告訴想進入中國市場的人，萬不可貿然投入，最好還是實際在當地住上一陣子。與其急著作生意，不如先了解華北、華中、華南生活形態的不同，再來選定區域及城市，而絕對不只是「中國」這麼廣泛的用詞。

我看過許多豪氣干雲的台灣金主，一方面仗著手上錢多；另一方面也心急，覺得觀察市場實在太花時間，於是直接殺入中國市場。但是中國市場幅員何其廣大，做生意要是沒有區位針對性，就像把鈔票灑到大海裡一樣，不出幾個月，金主手上的幾億台幣資金立馬燒個精光，只能鎩羽而歸。可見，資金雖說重要，但**創業三本還是必備，本錢，本事，本人**。

為了避免虛擲資源，想切入當地市場的人必須盡可能地觀察市場，已經身在其中者，當然更是如此，市場千變萬化，永遠有我們值得學習、觀察的事情。

在我們團隊進入越南市場之前，就積極參與當地規模最大的美容展。我們內部將參展定調為「市場調研」，選出了我們認為的主力商品，而非亂槍打鳥地所有類型商品都帶上，並且攜帶了不少數量，那是很有指標性的一次戰役，將直接影響我們是否進軍越南市場的決定。

當時曾拓展過其他東南亞市場如新馬、泰國的同事們都認為「東南亞的女生膚色都比較深」、「東南亞的女生都怕自己曬黑、長斑」，所以才選定參展的主力商品是「美白霜」。豈知，一下飛機到下榻的飯店走出來，一直到商展會場，我們一路上見到的越南女生都「非常白皙」，白到讓我們忍不住交頭接耳，竊竊私語地說：「這些女生甚至都比我們白耶！」「怎麼會這樣？」

於是團隊開始慌了，大家開始擔心帶過來龐大數量的美白霜「會不會全數滯銷？」還有同事直接問：「妍容，我們要不要趕快換商品？或者更換銷售策略？」

我一時想不出答案。在商展開始前，我到會場附近吃東西，順便與當地的華人、越南朋友聊天，我隨口說一句：「越南女生好漂亮，皮膚好白」，大家就打開了話匣子。

「對啊對啊，越南女生就愛皮膚白。」

「他們根本是把美白當成終生志業！」

「沒錯，她們都說：白還要更白。」

聽到「白還要更白」五個字，我覺得自己瞬間被點了一下，趕忙追問：

「都已經這麼白了，還要更白喔？」

「要要要，當然要更白，打雷射換膚美白的，無所不用其極！」

「吃的喝的抹的擦的，怎樣都行，就是要更白。」

「懂了！」我彷彿吃下一顆的定心丸，在心裡大喊「我找到了」。回到飯店趕緊重新調整銷售策略，告訴同事們：

「不用告訴顧客：曬黑了，美白霜可以幫你白回來。」

「我們是具有醫學美容背景的專業品牌，應該要喊出有制高點的訴求。」

「我們的核心價值就是『讓你白還要更白』、『不只白，還要白得透亮、白的細緻』」

後來這些訴求果然見效，我們帶去的臉部和身體美白霜詢問度極高，身體美白霜還第一天就被瞬間被搶購一空；商展結束後，立刻就有當地醫美通路找上門合作代理，我們因此得到了一張合約。

那一次消費者的意見反饋讓我們大有斬獲，除了「白還要更白」的消費需求，身體美白霜的大賣也是令我們想要探詢答案。越南的傳統服飾是長袖，我們覺得「既然身體都蓋住了，那就不需要擦美白霜了」，結果，大錯特錯！

「臉上的白可以用化妝品畫出來，但是身體沒有化妝品。」
「本來我們就很常用美白霜來擦身體，可是目前用的都非常難推勻，你們的好推好吸收又白的很美。」
「你們的美白霜一擦就有效果，我可以帶出門，臨時補救，瞬間白出一雙美腿！」
原來如此，消費者這麼一講，我們才知道越南女生對美白商品的期待，也才明白產品受青睞的原因。所以行銷點的想像非常有意思，並不是自認為產品很好，不管三七二十一的推往市場，就能受到青睞。
別人的需求，不一定和你我長得一樣，必須用心打開你的感官，實地走到市場裡，聽聽客人想要什麼、想聽什麼。
想讓你的客人買單，就得放下一廂情願的猜想，接地氣，才有人氣。

「要」與「不要」的價值，一樣重要

不論是為了進修、出差，還是去旅行，「出國」總是容易讓人把心一下子放得很大，看見那麼多精彩，突然間雄心壯志都燃燒起來了，覺得自己沒有什麼不可以。

但也有時候，看多了便會看見自己無可翻轉的侷限，知道有些門是永遠關上了，然而這意味著浪費時間嗎？

公主任性地並不認為。

「韓流」之強盛，不只在影視娛樂，在美妝醫美領域，近年來韓國都有強勢的表現。我並不覺得單就產品功能來說，台灣自有品牌的美妝保養品會遜色於韓貨，可是品牌比拚的又豈止是功能?!

這幾年陸續帶團隊到越南參展，親眼目睹韓國廠商與台灣廠商在推展品牌上各種作為的落差，我覺得在品牌這一仗上，台灣人即便輸了也該心服口服。那一次展場的攤位大致以國家為劃分單位，台灣和韓國幸運地抽到整個展場正中間，最搶眼的兩大塊地盤，但是正式開展後，這兩塊相鄰的展位，根本是天壤之別。

韓國區看起來就像是微風廣場級別的時尚百貨，大規模、精裝修之外，還架設了LED燈及大屏幕，讓招牌看來明亮又極富質感，但轉身看對面的台灣區，真是「我的老天鵝啊」，這是士林夜市嗎?裝潢制式簡陋不說，燈光昏暗，襯著隔壁時髦又美型的韓國區，看起來就更顯寒酸了。

「爲什麼每個韓國攤位都有那些漂亮的ＬＥＤ燈？」

「因爲韓國政府補助全區攤位裝潢，所有招牌燈光及精裝修都是政府出資的。」

我忍不住走向大會工作處詢問相關人員，他聳聳肩，大會給每個國家都是標準攤位，韓國在政府優勢金援補助下，有辦法把攤位妝點得漂漂亮亮。的確，人家是政府全力相挺挺，所謂形勢比人強，沒有錢，場面就做不出來，我們只能摸摸鼻子自認「錢不如人」。

但是接下來發生的事，就不是錢不如人了。我走回台灣展區時，無意間聽到幾個同業高階主管聚起來討論：

「下次一定要和大會要求，不要把我們和韓國排在一起。」

「我覺得角落那個位置很好，不一定要在這麼顯眼的地方。」

我聽得下巴都要掉下來了，因為怕自己的展區顯得太醜，所以乾脆想避開韓國人，甚至縮到角落嗎？其實那一次展會的角落區是瑞士的展位，「躲得了韓國，就躲得了瑞士嗎？」我覺得想要用「躲」來解決問題實在太盲目了，既然想躲，那乾脆就不要參展了！

每個遠道而來的國家、企業都恨不得能搶到最顯眼的攤位，好好表現一番，怎能捨棄最佳位置，兀自躲到角落？如果是資金問題，把台灣品牌凝聚起來，大家合力出一點錢，一起採購燈材，雖然不見得能像韓國展位這麼華麗，但至少能營造出一些氣派，這才是真正的面對問題。

不只如此，敵人已經比我們更捨得砸錢做場面了，更致命的是，他們更懂得團結一致。我隨意逛到韓國區的攤位，好奇地問某個廠商：

「請問你們有沒有賣蝸牛面膜？」

「我們是做安瓶的，沒有賣面膜，如果你想買面膜，可以去前面Q3017或Q3035，還有右轉的Q3043，這幾家的蝸牛面膜都做得相當好。」

他很熱心的一連介紹了三家韓國面膜廠商給我，韓國就是這麼團結，廠商彼此之間會轉介紹，就是不讓客戶流到其他國家。但是來到台灣區，我問兩三家廠商一樣的問題，他們只說：「這邊沒有喔」，就不會再介紹我去別的攤位了。我忍不住憂心地想，是不是我們在台灣淺碟型市場中已經習慣了必須「你打我，我打你」，才能有飯吃，所以到了海外，也一樣學不會團結互助，不懂得像韓國一樣，共同把餅做大，把客人都吸引到韓國區。

雖然對於這樣的現象頗為無奈，我根本不是在這裏面看到自己的機會，反而是看見了台灣廠商在國際市場中無法反敗為勝的種種原因。但對我來說，這是一個很好的警惕，覆巢之下無完卵，不管個人、企業品牌多麼優秀，都沒有辦法獨善其身，當大家能多出幾分心力，讓整體環境更好，才能贏來真正國際龐大的商機。

另一個經驗是在日本。從以前到現在，我對日本的印象始終非常良好，這個國家永遠都會是我的創意源泉。

小時候第一次跟隨父母出國，就是去了日本；少女時期擔任模特兒，幫我配衣服的編輯，靈感都從許多日本少女雜誌中得來，影響所及，我自己也愛按照日雜上面的穿搭風格來買衣服。出社會工作，有了積蓄之後，更是一有機會就到日本旅行、購物，老實說，我身上的行頭超過八成都是在日本逛街時買的。

每次在日本逛街，不論是大阪、京都、古城或是東京時尚購物區，都能帶給我很多靈感，但可能正是因為看了這麼多，也得到那麼多啟發，我始終知道；我絕對不會來日本做生意。

「妍容，你記不記得我要買哪個牌子的面膜？」

「我忘了耶，太多牌子了，哪記得住？」

有一次和姊妹淘去逛東京涉谷藥妝店，面膜種類多到讓我們眼光撩亂，早就忘記事前做好的功課，看到整片琳瑯滿目的面膜「牆」，任誰都要心猿意馬，什麼都想買。看過這種景象，我怎麼還會試圖進攻日本的美妝市場？這個市場太成熟了，成熟到商品種類、品牌數量極多極廣，日本的消費者更是精於選擇自己要的，他們有錢也懂得花錢，先不用說會不會選擇新進品牌，搞不好想找都找不到。

我並不認為這代表去日本數十次次是在浪費時間，因為**即使是「浪費」，也是學習的一部分，也在積累我對於消費、品牌的認識。如果多看，能夠幫助自己知道「要」與「不要」的價值都是很重要的**，更精準確定自己能掌握的一切，這已經非常值得。

從中發現機會，是一種獲得；發現一些機會不屬於自己，也是一種獲得。

走向世界，不只是能更懂這世界，也可以更認識自己。

番外篇

我熱愛工作，更熱衷投資理財

保險就是我的銀行——保單

公主一直都知道自己既會賺又更會花錢，學生時期就靠著當模特兒和電腦老師，成為大家眼中的小富婆，出社會後更成為任性買包不手軟的「剁手黨」。可是我也很會「藏」，能夠致富絕不是靠省吃儉用、降低生活品質，而是懂得運用危機意識，越花越有錢，因為保險就是我的銀行。

二十歲的實力，四十歲的財力

「你們買過哪些投資商品？做什麼資產管理？」

「噢……我買過一張八％複利的保單，在二十歲生日的時候。」

「什麼，八％的保單！！」

不論在什麼場合，每次只要一說出我買過複利八％的保單，這句話一拋出來，略懂利率的人，幾乎都不可思議地瞪大眼睛說：「哇！你也太厲害了吧！」「竟然買得到八％保單，現在銀行最高只有一．一％！」。有次和身兼富邦人壽總經理的富邦momo台林總聊天，我說了句：「欸，我有公司的保單喔，八％複利！」林總當時非常驚訝，連連追問：「哇，你才幾歲？那時怎麼知道要買八％保單?!」

另外一位我的空姐閨密，還擁有會計師執照的惠玲，她全家都以買保單來做資產管理，但她一開始買到的保單，最高複利也不過五％，後來覺得利率很棒，才再買了利率四％的保單，爾後利率就一路下滑至今。可想而知，當她聽見我「搶」到八％複利保單，是有多麼驚訝。

為什麼說是「搶」呢！因為當年金管會已公布確立要全面停售八％複利保單，而我任性又不假思索的搶在停賣前一天直接簽名！開啟我的專屬銀行！

保單，或者是複利的威力，是建立在時間基礎上，這些朋友們雖然很羨慕我買得到八％的保單，但是他們更好奇，為何當年二十歲的我竟懂得要買保單、累積複利的威力？

這是我送給自己的二十歲成年生日禮物，除了兩張八％保單，還有兩支定期定額基金，由於當時選定的基金尚未開放，為了買到這兩筆基金，我還專程飛到香港渣打銀行開戶。其實在那個年代，要買到高利率的保單並不難，任何人只要拿起電話告訴保險公司：「我要買八％保單」。

但那個年代最熱門的投資項目其實是股票，在股市獲利動輒二〇．三〇％非常驚人的狀態下，相形八％保單的利潤就顯得微不足道，幾乎很少人注意到，可是當時十九歲的我看到了。

從十幾歲就開始當平面模特兒、電腦老師，我知道自己挺會賺錢，也的確比同學們都還要有錢。不過越是有錢，我就越有危機意識，十分積極地吸收理財知識。以前念書的時候，班上訂報紙，女生們愛看影劇版，男生們都看體育版，而財經版總是孤伶伶的飄散地下，沒人要看，連搶都不用搶，因為班上只有我會撿起來仔細閱讀。

做功課，就是希望找到「比銀行更好的地方」來藏錢，我從財經雜誌和報紙的理財版面學到了「複利」的概念，知道基金和保單，是相對穩健而獲利優於銀行的理財工具，所以當我看到「終身固定複利率八％」的保單，就大膽放心地買了，更誇張的是一買就是三十年。在那之後，我又陸續買了幾張六．二五％儲蓄險保單，即便是到期了，我也會盡快再買別的保單來存放，絕不讓自己身邊出現太多閒錢。

就是為了累積時間的複利，也是為了管理自己的金流。我太明白自己的個性，愛漂亮也愛花錢，過去擔任模特兒，拍攝一天能賺到五千、八千塊錢，聽起來收入多，可是一逛街，買一個皮包，就要花兩萬塊了。今天買了兩萬的包，明天就想買三萬的包，再加上衣服和鞋子等等，怎麼賺都無法供給全身想要的打扮行頭，永無止盡。

剛出社會時我曾經收到足足是收入兩倍以上的信用卡帳單，朋友們知道後都驚呼：「真能買耶你，一個月刷二三十萬?!」其實要花這些錢並不難。當時的我每天播報新聞結束大約下午四點下班，總是直接搭計程車到台北東區，等六點下班的朋友們陪我吃晚餐。每天的四點到六點，我就在SOGO百貨打卡上班，喔不~應該是「刷」卡上班，我還能做什麼？當然就是一直逛一直買一直刷囉，天天這麼買，累積到月底自然就是一張很可怕的帳單。

就是因為天生太愛花錢，我就必須比別人更懂賺錢，更會賺錢。而且很早就理解了一個道理，人再怎麼有本事，錢賺錢的速度，永遠都快過人賺錢。如果我想要永遠都不需要為花錢發愁，就要盡早學會如何用錢賺錢。

念書的時候拍雜誌，別人稱讚我漂亮，我卻一直想著「總有一天會老」，沒有人能篤定自己能夠一直維持最佳狀態，或是能一直「因貌美而賺錢」。十幾歲的我就知道美麗不是永恆的資產。我知道局勢會變，人也會變，很多事情如果明知不可掌握，我就不戀棧，就算當下看來一片光明。

每個時代盛行的理財工具不盡相同，即便是同一種商品，也會因應時代而有所改變。如今保單幾乎人人都有，但因著大環境的經濟背景，也鮮少再出現高利率的儲蓄險保單，但是危機意識卻是永遠不會變的，有了「潛在危機感」，我們才能做出適合自己的理財判斷，在五花八門的理財商品中去蕪存菁，就像我用保單打造專屬自己的銀行，讓自己藏富致富。

你問我一路買了近十二張保單，現在還買嗎？答案絕對是肯定的，中國高複利保單已成為我近年主要購入的保單標的，除了滾利率、賺匯率、避匯率還有風險分擔及多幣值資產佈局等多方面好處，做一件未來的你會感謝現在的你的事，就是善用時間複利的力量。

用現在的時間，賺到未來的財富——黃金存摺

這些年每當和朋友聊起投資績效，招人羨慕說我「投資眼光精準」時，我總是覺得分外尷尬。在買地產上，心得的確多，多得能夠累積成一套專屬於自己的心法，但其他投資獲利，老實說，我承認幸運的成分居多。

真要說起來，最重要的是我掌握了兩個大原則：

現金閒錢絕對絕對不留身邊，

用閒錢買變現困難理財商品。

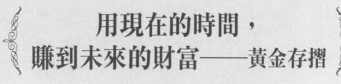

在我身上最能體現這兩大原則的投資經驗，莫過於「黃金存摺」。那一年連續幾個專案後，身上累積出一筆不小的閒錢，買房子付頭期款都不成問題。原先也想再買間房子，可是買房急不得，要觀察地段、挑座向、議價等等，總之必須花上一段時間。

但是當時我的空閒時間不多，陸續看過的幾間房又不甚滿意。索性就暫緩這個選項，畢竟動輒幾百萬的事情，絕對不能在情急下做決定。可是這錢還是要找個地方放的。

記得小時候皮包總會放個三四張一千塊鈔票，可是經常在出門之後，回家再打開錢包就會發現裡面只剩下一兩百塊，更「離奇」的是，我也總想不起來到底買了什麼。只記得從小我就愛吃，從不在吃喝上委屈自己，「這些錢應該就是吃吃喝喝花掉的吧」我猜想。

可是愛吃鬼也是會有危機意識的，正是深知自己花起錢來有多麼不知不覺，才會總想換個地方把錢「藏好」，能不能得到豐厚報酬倒是其次，能夠保值，並且「變現相對麻煩、不容易」就是我一定要做到的目標。

就在一時找不到適合的房子時，我突然心生一念：

「那就來買黃金吧！」

「大家不是都說黃金保值嗎？」

不寄望這筆錢能夠多麼地利上滾利，若只是為了保值，二十年沒漲的黃金似是不錯的選項。可是想想難道要扛著幾百萬現金到銀樓去買數公斤的黃金條塊嗎？我覺得那樣太危險，也太讓自己提心吊膽了，稍稍上網查資料，發現唯一在台灣銀行有個業務是「黃金存摺」，可說是非常適合我！

一來我家附近沒有台灣銀行，為了要辦黃金存摺，我必須跑到很遠的地方，這個業務夠麻煩；二來這筆錢我幾乎碰不著，花了數百萬，連一塊金子都摸不到，只拿到一本存摺，若要將存摺裡的數字變現，又得再跑一次銀行，這是雙重的麻煩，非常符合我的需求。

「蛤，『黃金存摺』喔？人家都會去銀行買金條耶！」

「小姐你先坐一下，我去請襄理出來。」

因為當時黃金價格已經二十年沒怎麼變動過，猶如一攤死水；黃金存摺也是個超冷門業務，罕有客戶辦理。我到銀行辦理時，櫃台小姐還因為生疏，找了襄理來幫忙。

費了一番功夫辦好之後，我覺得十分心安，打算就此放著，最好忘了自己有這筆資產。沒想到就在我買了黃金存摺後，黃金價格開始直線起漲！從每盎司二五七．七美元一路飆升到一千兩百一十二美元，真是非常瘋狂的漲勢。

「潘小姐，你要賣掉黃金了？」

「你怎麼那麼厲害？」

「連我們內部略知道風聲的人，買到時間點都比晚你很多。」

在投資獲利這方面，我反倒自認膽子不大，在金價超過一千美元時，就開始想贖回了。最後就算財經媒體都說金價持續往上攀，我還是在金價一千兩百美元左右獲利出場。臨櫃辦理那天，現場似乎引起了一陣轟動，數十個行員擠在一起看著我交易紀錄，百思不得其解的一直問我：「怎麼能把時間點算得那麼精準？」「幾乎在最低點一次大量買入」等等。

「真的是湊巧啦，我只是想找一個安全的地方放錢。」我笑了笑，看著他們不可置信的臉，淡淡地說。

黃金存摺當初設計的用意，類似「零存整付」的概念，讓無法高額買條塊、大筆整數買進的人也有機會用小錢買黃金，所以使用黃金存摺的人多半是小額小額、漸進式地買。我卻是一次用幾百萬的規模來買，還買在這麼「正確」的時間點，難怪引人側目。

記得在我「誤打誤撞」買黃金之前，曾有朋友勸：「幾百萬放在股市不是更好？」、「買股票賺的幅度比較大啦」，是的，他們沒有說錯，但是「賺很大」也等於「風險大」的同時，這就不是我想要的。

一直以來我的理財工具都以穩健增值為主，買黃金存摺遇到起漲點，只能說我運氣好，雖不是依樣畫葫蘆也能得到這種好運，但是以保值的概念來選擇理財工具，的確可以為自己留下資產。

不要覺得「保值」二字聽起來沒賺頭就不值得做，在我們專注於本業，實在無暇分心鑽研高風險的投資技巧時，**「藏富保值學」幫你賺到現在的時間也賺到未來的財富，相信我，銀行真的不是只有活儲跟定存兩件事，一樣放銀行，卻是超過四百％報酬率！**

決勝千里之外——房地產

真知灼見不易得，很多膾炙人口的「道理」，還是得在實戰經驗中仔細摸索其中的「眉角」。比如大家都知道買房地產最重要的是「location、location、location」，可是難道「市中心」、有「交通題材」就等於是好的地產？

房地產大概是台灣人除了股票之外最熟悉的投資標的了，就算自己不買，家人、朋友或多或少都有購買經驗，並且也是報章雜誌財經版不敗的議題。可是人人都能說得一嘴投資經，卻不是人人都能從房市裡賺到錢。

幾年之前我買了捷運永春站的共構宅，當時第一期的價格大約是一坪二十八～三十二萬，這已經算是大家都可以進場的價格了，可是當初一說要買，朋友總是拚命潑我冷水。

「『永春』是哪裡？」

「在忠孝東路五段附近。」

「是『南港輪胎』那邊？」

「並不是……」

「誰知道『永春』在哪裡？肯定因爲是『偏僻的地方』才會這麼便宜啊！」

以前，忠孝東路過了基隆路後是什麼光景，都不為人知。提到「永春」，大家總覺得很「偏僻」。在一片看衰聲中，我還是任性地買了。後來這個建案陸續推出二期、三期，到了三期，一坪的價格已經將近八十萬。我就是以一坪八十萬左右的價格脫手，還有鄰居賣到一坪一百三十萬上下，幾乎是一坪賺一百萬了！真想問問當初笑我的朋友們：「還覺得永春偏僻嗎？」

同樣是不被看好，後來在我決定買下大直一坪約三十七萬的地產時，當時台灣房市正火紅的地區是桃園的中正特區、青埔周邊，還有三峽大學城、新莊副都心，身邊很多對房產深感興趣的朋友們，他們的說詞都曾令我小小心動。

「一千萬上下，買大直只能買小套房格局，在桃園可以住到大豪宅！」

「一千萬上下，爲什麼要買離市區很遠的大直?來桃園可以買市區正中心的房子。」

老實說這些說詞真的太誘人，當時的確有一些購物專家的同事買了桃園所謂的豪宅，也有藝人朋友組團殺到台中買七期團購買豪宅，一起向建商談優惠，成交價大概是七折。這些聽起來彷彿都是好機會似的，不過我很在乎一件事：**絕不買我不熟悉的區域**。

特別是剛開始買房產的入門者，請一定要買自己非常熟悉的區域。這是一個風向球，如果連自己熟悉的區域都買錯，我們憑什麼覺得去買一個不熟悉的區域可以買對？可以比當地人的眼光更精準？

就算在當地沒有足夠的生活經驗，也一定要將當地人的看法列為參考基準。像台中七期如此有名，當地人說起來卻不置可否。

「哎呀，開那什麼價格．都是你們這些台北人在買。」

「七期都是外地人買的，新光三越只要周年慶，每一台車都開不出來也回不了家。」

本地人的觀察總是非常有趣、實在回想一下，我們對自己熟悉的區域，的確會比「外地人」的觀察更到位。

我是在台北長大的，從拿到駕照那一刻起最大的興趣就是看房地產，看著台北從沒捷運到有捷運，看著一個地方如何因捷運而不斷產生人潮、需求和價值，看了超過千間以上的房子。台北就是一個不斷吸納周邊人潮向中心湧入的城市，而整個城市不斷向四周擴散，最後整個台北都是市中心，我很早就參透這個道理，決勝總在千里之外。

永春捷運共構宅、大直水岸地產就是在這種思考下拍板決定，那已經是好幾年前的事了，如今台北發展的情況看來就是朝這個大方向走。忠孝東路早就不只四段繁榮了，榮景一路擴散到南港，以前南港一坪只有十七萬，現在四鐵共構的基礎下有破百萬態勢，價格已不可同日而語。

現在再來看看桃園、三峽、新莊這些曾經的房市熱門標的，當然也變得比過去繁榮，可是地產的漲幅和我當初買的大直、永春，相差何止千里。到底什麼是「市區」、「偏僻」？哪些交通題材可以當真？這些判斷絕對不能人云亦云。

我不只買台灣房地產，後續更將投資觸角伸到國外地產。

近年因為每月出差新馬，接觸到吉隆坡雙子星大樓（Petronas Twin Towers）旁的五十四層超高樓建案，這個建案在二十五樓以下是由W飯店運營，步行至捷運只要三分鐘；走到最知名的Suria KLCC購物中心也是三分鐘。對我這個經常造訪此區開會的外國商務客來說，這個建案的交通條件好得不能再好了，但當地人可不這麼想。

「妍容，你買那個地方也太貴了吧！」

「離捷運近就應該賣那麼貴嗎？我們大馬人都開車，不坐捷運的。」

「你應該買美國學校對面的豪宅區，那邊沒有捷運，但就像天母，很多有錢的華人都住那裡。」

和我合作很久的經銷商，是個土生土長的大馬華人，他想阻止我買高樓建案，還親自開車帶我去所謂的「吉隆坡天母區」Mont Kiara繞繞。對當地的華人來說，雙子星周邊建案的高價都是「炒作」而來，真正有價值的地段應該是離鬧區稍遠，富人雲集的豪宅區。他這麼說也沒錯，對出門由車代步的當地人來說，捷運不是誘因，但我畢竟是「外國人」、「商務客」，在他國商業區買地產，我看的是國際地產買盤。

雙子星大樓周邊就像台北信義區，是蛋黃區中的蛋黃，每回一到吉隆坡出差，我都固定住這一區，看著周邊已無空地且各國領事館聚集，治安良好，就明白這裡的地價未來只會一路往上。吉隆坡這個城市本來就位置奇佳，可說是東協門戶，到泰國只要四小時，離新加坡近在咫尺，而星馬兩國的物價和薪水比例卻落差很大，「新加坡賺錢，大馬花錢」的人的確不少。

隨著「星馬高鐵」及「泛亞鐵路」完工在即，日後在「星馬生活圈」往返的人會越來越多，在吉隆坡擁有一個既有門面，又絕佳交通便利性的據點，想必是許多人的切身需求。如果我能想到，那麼其他商務客，甚至是外商公司的高層一定也會想到。當初在吉隆坡開完會只是碰巧路過開發商辦公室，開賣首日資料尚未送達，憑藉一張白紙的解說，前後不超過十分鐘就決定買下五十樓兩戶相鄰房型，速度快到連開發商都十分訝異。

不只是當地朋友，台灣的朋友一聽到也覺得我太任性太衝動，不過時至今日，房子雖還沒交屋，就市值及匯率來說，少說已經賺超過三百萬台幣，並且高樓層悉數銷售一空，入手才不到二年！由此看來我的判斷還是有幾分道理的，挑選熟悉的區域加上國際買盤的概念，五十樓就像是絕版藝術品一般，雖然售價不斐，但投資效益更為可觀！

買東京的房子卻又是另一件有趣的事情。我買在東京的品川（Shinagawa Seaside）車站步行三分鐘的周邊。品川依然有絕佳的交通優勢，距離羽田機場約為十五分鐘，興建中的磁浮列車二〇二七年完工後，品川到名古屋四十分鐘、大阪只要六十七分鐘。怎麼說有趣呢？因為從簽約到付頭期款，我完全沒踏進基地現場一步，只因為再一次任性的相信專業，當時因為首賣抽籤在即，看了代銷公司給的完整資料，我知道這是我想要的房子，就直接簽約看的到富士山的二十七樓，而且買品川港區的新房子，也不是為了「報酬率」。

自從大學開始自己出國旅遊後，東京幾乎是我每年必去遊逛造訪數次的城市，這裡的步調和生活機能都是我習慣、喜歡的，所以買在品川，初期可以先穩定的賺租金報酬，但我著眼的主要目的是未來自用，說是為了退休養老而先買下並不為過。報酬率也許是其次需求，但在東京奧運之前購入絕對是聰明的選擇。

所以雖然大家做任何投資都總想著要「一舉數得」，但現實生活中是沒有一百分的房子，最有投資效益的房子往往並不適合長久自住，住得舒適的房子卻可能報酬率不甚亮眼，自己還是得先釐清買房的目的及效益。就讓投資歸投資、自用歸自用，單純反而更容易看見一切。

美感帶來好心情，無價——藝術投資

從小熱愛藝術美學的公主投資項目中，除了國際地產、複利保單與黃金貴金屬外，最特別就隸屬藝術投資，經常世界各國飛行出差必定造訪當地藝廊，擁有藝術拍賣會超過十年經歷的我，收藏各國藝術家畫作、手作白瓷、老件木雕與陳年普洱等，常有人問及我的收藏標準是名氣、年分還是增值空間？我總是任性的回答「第一眼直覺」。

藝術是一種打從心裡的喜歡，我相信一見鍾情的直覺，美感得到滿足所帶來的好心情，無價！

二〇〇五年擔任電視購物專家時，有一檔節目堪稱是台灣當代藝術界的創舉，也是電視購物的首開先例，享譽國際的爆破藝術家蔡國強老師爆破了六十六組在一九四八年發行的上海金圓券舊幣，貼於棉紙上，蓋上朱印，簽上他的名字，裝上畫框，做成六十六組「招財平安符」。爆破過程全程錄影，且在爆破隔日晚間，由蔡康永客串購物專家，在momo台進行拍賣。

「妍容，你怎麼現在才來問？」

「剛剛一開播，已經賣完了？」

「當然！還有很多人在排候補。」

不僅因為是創舉，也因為雙蔡名氣，這檔節目讓台內主管們相當看重，直播當天連總經理都特地到攝影棚觀看。舊幣爆破後製成的「招財平安符」一份要價九萬九，原本我抱持觀望態度，打算下了節目再買，卻已經來不及，六十六組不僅在節目上賣完，還有三十幾位觀眾排著候補。當時蔡國強老師的聲勢就已是如日中天了，而這組「招財平安符」在兩年後就增值成一組二十幾萬，再過了幾年，二〇一六年的某個秋拍上，這組作品的標價已經來成二百多萬。十年光陰過去就從九萬九千元變成二百多萬，這種投資報酬率還不夠漂亮？獲利二十倍聽來很不可思議，而且這組作品的價格還再繼續往上走。

這種增值的幅度和速度，很令大家嚮往吧，講到「藝術投資」，很多人期待的就是這種非常戲劇性的報酬。可是任性如我，增值卻不是我買藝術品唯一的理由。**對我來說，要不要買藝術品，重點在於我開不開心，也就是藝術品是否帶來好心情的整體氛圍。**

對於喜歡的藝術品，喔！不，正確來說是「一見鍾情」的藝術品，我總是任性而為，只要第一眼看到覺得「喜歡」，就會百分百肯定會買下。

企業總部的走廊一隅及VIP室都被我布置成了私藏藝廊，每天上下班經過，都能順道欣賞自己買的藝術品，尤其是走廊旁的兩副Mari Kim作品，這兩幅畫其實是在二〇一一喝完下午茶恰巧逛世貿藝術博覽會，看了一眼喜歡後不到十分鐘就決定要買下；另外還有一次在東京池袋的西武百貨逛街逛到藝廊，正巧碰到宮崎駿大師最愛的藝術家井上直九老師畫展開展，一走進去眼睛隨即為之一亮，二話不說又是任性閃刷七位數。正因為只是喜歡，購買的當下根本沒想要計算什麼投報率、增值空間，因為我也從不擔心藝術品是否會增值。

「要先做功課，才能知道買了之後多久可以獲利！」

「人家做藝術投資的人，都是確定會漲才買。」

身邊總有朋友這樣勸我，他們都覺得我不該只憑直覺喜好收藏，而要根據市場判斷來買，這樣才算是「投資」。我覺得這種說法，對也不對。以投資的眼光來買藝術品固然可說是理性購買，不過如果買藝術品的判斷只在於市場行情，自己卻一點都不欣賞，這就是本末倒置。

金錢值得投資，美麗的心情亦是如此，正因為我喜歡打造客製化的美學生活。既然是藝術品，就應該被賦予欣賞的美好意義。對我來說，買藝術品最重要的前提首重就是喜歡，這個前提凌駕於所有條件之上。一個藝術品能夠為我帶來十年、二十甚至更長久的好心情，其價值是無法用金錢來比擬的。

「帶一個好心情走」這樣的動機，不只專屬於我，問起很多成名的大藏家，吸引他們買下藏品的直覺也往往是不知所謂何來的「喜歡」。有個大師級檀香瘤手工雕刻老件，從視覺上來看，那是很美很細緻的花鳥雕刻藝術品，老闆黃總是我好朋友察覺我的心意，把玻璃櫃門片輕輕拉開，濃厚的檀香氣味頓時滿室芬芳，仿佛置身古樹山林之中，我不得由的驚呼，這是我想要的藝術品。

「眞的好香！這塊木頭一定很古老了……」

「妍容，您眞的很識貨。」

那是天然老木頭隨著歲月積累，本身所轉化出來的天然純精油芬芳，第一次聞到便著迷不已，只能呆在原地直說「好香，好香」，當下心裡便決定要把這個美麗的視覺和嗅覺據為已有。這種美感可以瞬間帶我脫離現實，純然地欣賞。

如同老普洱茶一般，因時間所沉澱出的茶韻芬芳，同一個西雙版納山頭的古樹茶十年、十年、三十年所呈現的風韻各有不同，為此我特地在新居設置「藏茶室」，收藏各方好茶老茶，包括七〇代的湖北趙李橋牌坊及火車頭米磚茶，還有相當稀少的一九九五年湖南安化千兩黑茶柱，更有為數不少的雲南陳年普洱茶餅如中茶、大益、下關等生茶，只要控制溫度溼度及通風，年年都有豐富層次的好茶可飲，雖有人說老普洱是藝術品，僅供陳列觀賞使用，我可是一片一片打開品茗，我

知道「視覺、嗅覺、味覺」都會是我體驗藝術人生的美好經驗值。

甚至後來品茶藏茶更懂茶之後，自己還特地到茶山源頭選料客製壓茶，全程親自監製至壓餅包裝完成，百分百確保產地品質，過個幾年亦是一口香醇甘甜的老茶，且價格翻漲具投資效益，真是理財與養生兼得的最好投資。

限量、獨一無二的感受，也是我心動的原因。

我很喜歡瓷藝，尤其是白瓷作品，驚豔於它的清新脫俗雅致，德化白瓷詩人顏松柳大師是獲獎無數的中國工藝美術大師，其白瓷作品不僅被中國美術館收藏更是多次作為國禮餽贈外賓，全球限量《明月》作品還保留極少貴賓序號，但因不是現品，如果我確定買下，就會展開製作。

這是一個下訂之後才開始製作的六十六號藝術品，而且我可以參與整個製作過程！只不過，老師也明說了「無法確定何年何月能完工」。瓷藝「十窯九不成」的工法充滿了不確定性的變數，特別是白瓷，每次作品要送進窯裡燒之前，老師助理總會親自錄影透過微信傳送，讓我遠在千里之外也能參與作品送窯燒前後的情況，進而知道製作情形。

「妍容，這幾日適逢大雨，空氣太潮……」

「說不准這次燒得如何，咱們一起祈禱吧！」

這一件白瓷製作過程非常曲折，老師每次送窯燒之前都說「讓我們一起祈禱吧」，我也常緊張的深呼吸，只是結果往往令我們嘆息。大型白瓷作品之昂貴，主因之一就是不良率非常高。記得有一回窯燒後，我看著都覺得很滿意了，老師卻直搖頭告訴我：「底座附近有個三釐米左右小裂縫」。白瓷煞是費工費時，因為任何小黑點、髒污或裂縫都會導致前功盡棄，而且無法用色彩的漆來掩蓋住瑕疵。

再多的時間和金錢也買不到一次完美的窯燒，我們只能默默耐心的等待幸運到來，就是這種矜貴之感，讓人覺得與其他買過的瓷藝現品與眾不同。燒好的白瓷，美麗精細自不在話下。但是喚起我心中異樣感受的，是這一次整整超過十二個月催生白瓷的奇妙之旅，我彷彿也跟著被賦予了新的生命，驚訝自己的耐心與堅持，還有曾經為它等待期望失望的那段時光。

有時，我們以為引頸盼望的是結果，但是最終最美的其實是等待的過程。原來我「任性」這個結果，都是因為「認真」的這些過程。

觀成長17

因為任性，所以認真：一片面膜，打造一個億萬致富傳奇

作　　者─姸容
文字整理─廖翊君文字團隊、賴韋廷
封面攝影─石吉弘、郭大仁
時尚造型─賴則寧
服裝提供─Level 6ix
封面設計─張巖
內文排版─李宜芝
主　　編─林憶純
行銷企劃─許文薰
董 事 長
發 行 人─趙政岷
第五編輯部總監─梁芳春
出 版 者─時報文化出版企業股份有限公司
一〇八〇三台北市和平西路三段二四〇號七樓
發行專線：（〇二）二三〇六─六八四二
讀者服務專線：〇八〇〇─二三一─七〇五、（〇二）二三〇四─七一〇三
讀者服務傳真：（〇二）二三〇四─六八五八
郵撥：一九三四四七二四時報文化出版公司
信箱：台北郵政七九～九九信箱
時報悅讀網─www.readingtimes.com.tw
電子郵箱─history@readingtimes.com.tw
法律顧問─理律法律事務所　陳長文律師、李念祖律師
印刷─勁達印刷有限公司
初版一刷─二〇一七年九月
定價─新台幣二八〇元
（缺頁或破損的書，請寄回更換）

時報文化出版公司成立於一九七五年，
並於一九九九年股票上櫃公開發行，於二〇〇八年脫離中時集團非屬旺中，
以「尊重智慧與創意的文化事業」為信念。

國家圖書館出版品預行編目資料

因為任性，所以認真：一片面膜，打造一個億萬致富傳奇
/姸容作. -- 初版. – 臺北市：時報文化, 2017.09
248面；15*21公分

ISBN 978-957-13-7089-7(平裝)

1.職場成功法　2.自我實現

494.35　　106012331

ISBN 978-957-13-7089-7
Printed in Taiwan